变压器
智能感知技术

刘　凡　彭　倩　高　飞　蒋　伟
冯　运　刘　睿　廖文龙　冀增华　编著

中国电力出版社
CHINA ELECTRIC POWER PRESS

内 容 提 要

巩固变压器基础知识，熟练掌握变压器智能感知技术、变压器智能感知组件及检测、变压器故障诊断与状态评估及其在电力系统中的应用，对保障设备安全、提升电网安全稳定运行水平具有重大而深远的意义。本书旨在满足培养适应电气工程领域技术型、应用型专门人才的需求，论述深入浅出、循序渐进、层次清晰。

本书分为 5 章，包括变压器基础知识及技术发展趋势、变压器智能感知技术、变压器智能感知组件及检测、变压器故障诊断与状态评估和变压器智能感知技术工程应用。

本书是可作为变压器设计、运行、维护专业人员的培训用书。

图书在版编目（CIP）数据

变压器智能感知技术 / 刘凡等编著. —北京：中国电力出版社，2023.11
ISBN 978-7-5198-8056-9

Ⅰ.①变… Ⅱ.①刘… Ⅲ.①变压器 Ⅳ.①TM4

中国国家版本馆 CIP 数据核字（2023）第 153635 号

出版发行：中国电力出版社
地　　址：北京市东城区北京站西街 19 号（邮政编码 100005）
网　　址：http://www.cepp.sgcc.com.cn
责任编辑：罗　艳（010-63412315）　杨芸杉
责任校对：黄　蓓　朱丽芳
装帧设计：张俊霞
责任印制：石　雷

印　　刷：三河市航远印刷有限公司
版　　次：2023 年 11 月第一版
印　　次：2023 年 11 月北京第一次印刷
开　　本：710 毫米×1000 毫米　16 开本
印　　张：12.5
字　　数：215 千字
印　　数：0001—1000 册
定　　价：98.00 元

前　言

　　智能电网是当今世界电力系统发展变革的最新动向，变压器是智能电网中最重要的变电设备，其运行可靠性很大程度上决定了变电站乃至整个智能电网的安全与稳定。随着智能电网的建设，对变压器运行可靠性和应对复杂工况的能力提出了更苛刻的要求，也对变压器状态感知能力提出了更高的要求。变压器状态智能感知具有测量数字化、控制网络化、状态可视化、功能一体化和信息互动化等技术特征，可对变压器绝缘状态、寿命做出快速有效的评估，并可有效地指导变压器运行和维护维修，减少运行维护人员的工作量，降低运行管理成本，使变压器的"定时定期维护"提升到"精准状态维护"成为可能。因此，巩固变压器基础知识，熟练掌握变压器智能感知技术、变压器智能感知组件及检测、变压器故障诊断与状态评估及其在电力系统中的应用，对保障设备安全、提升电网安全稳定运行水平具有重大而深远的意义。

　　本书在简要回顾变压器基本理论知识基础上，结合编著者近二十年的科技和一线工作经验，详细介绍适用于变压器的智能感知技术、智能感知组件及检测、变压器故障诊断与状态评估、变压器智能感知技术工程应用等，促进读者更好地从事变压器运维检修和技术管理相关工作。

　　本书旨在满足培养适应电气工程领域技术型、应用型专门人才的需求，论述深入浅出、循序渐进、层次清晰。最大限度地满足读者的专业水平、实践能力和综合能力等全面素质提升的需要。力求做到内容精炼、重点突出、通俗实用，实践性和知识性融为一体，既有理论分析，又有现场应用，将理论知识和运行实际相结合。本书是一本有关变压器技术发展的读本，也可作为专业人员的培训材料，对变压器设计、运行、维护人员具有重要的参考价值。

在本书的编写过程中，得到了中国电科院和保定天威新域科技发展有限公司的理论和应用支持，在此表示感谢。

由于编著者主要是利用工作之余对本书进行写作，时间紧迫、水平有限，书中不妥之处在所难免，欢迎广大读者批评指正。

编著者

2023 年 3 月 26 日

目　录

绪　　论

　　智能电网是当今世界电力系统发展变革的最新动向，被认为是 21 世纪电力系统的重大科技创新课题和发展方向，世界各国在智能电网建设中都提出了不同的设计方案和构想。2009 年，我国正式提出了统一坚强智能电网的概念，计划通过"规划试点、全面建设、引领提升"三个阶段的努力，到 2020 年全面建成以统一规划、统一标准、统一建设为原则，以特高压电网为骨干网架，各级电网协调发展，具有信息化、自动化、互动化特征的国家电网。

　　随着智能电网的建设，电网对变压器运行可靠性和应对复杂工况能力提出了更苛刻的要求，也对变压器状态感知能力提出了更高的要求。电力变压器状态智能感知具有测量数字化、控制网络化、状态可视化、功能一体化和信息互动化等技术特征，由变压器设备本体、传感器和相关智能感知组件组成。变压器运行状态智能感知关键技术的开发和应用可以更准确、更全面地掌握变压器的实时运行状态，为科学调度提供依据，进而初步实现电网设备的可观性、可控制和自动化的目标，为智能电网的建设奠定基础；变压器状态智能感知关键技术提高了变压器面对未来智能电网更加复杂的运行工况的应对能力，减少新生隐患产生的概率，从而提高整个电网系统的可靠性；同时变压器状态智能感知关键技术可以对变压器绝缘状态、寿命做出快速有效的评估，并可有效地指导变压器运行和维护维修，减少运行维护人员的工作量，降低运行管理成本，使变压器的"定时定期维护"提升到"精准状态维护"成为可能。

　　现有的电力变压器在线监测系统存在不同的平台、不同的应用系统、不同的数据格式，没有标准化和规范化，没有形成统一的体系结构，难以推广应用和实施。同时，很多系统传感器单一，主要集中在对电气或机械方面的具体参量进行监测，缺乏一种能全面监测变压器电气、机械、油化等状态综合感知系统，也没有制定出一种有效的方法来表征变压器运行状态和各种试验、运行条件、设备历史信息等之间的综合关系。

　　随着智能电网的建设和大规模分布式能源的接入，系统运行工况越来越复

杂。为了保证变压器的安全可靠运行，国外知名企业（如 ABB 集团、阿尔斯通公司、美国通用电气公司等）都进行了研究并取得了一些成果，比如 ABB 集团的 TEC 系统和阿尔斯通的 MS3000 系统。

欧美发达国家非常重视输电网络安全运行技术及信息技术（information technology，IT）在运行维护中的应用，研究并使用新的诊断工具和方法评估运行中设备的预期使用寿命、风险和维护策略。针对变压器的状态监测和状态评估在国外已有较长的发展历史，在欧美发达国家已有针对变压器的智能检测装置，有成功预报设备故障的范例，一般都是专项检测装置，如变压器油中气体、局部放电、温度等，但是缺少多种状态参量融合的系统化状态智能感知技术的研究和应用，且状态评估手段单一。

智能设备概念是利用传感器对设备的运行状况进行实时监控，然后把获得的数据通过网络系统进行收集、整合，最后对数据分析、挖掘，使电网实现可视化、数字化、智能感知，从而打造更加清洁、高效、安全、可靠的电力系统。

变压器是智能电网中最重要的变电设备，其运行可靠性很大程度上决定了变电站乃至整个电网的安全与稳定。变压器智能感知技术能实现对变压器的行状态的科学有效的评估，甚至在设备缺陷、故障导致的停电事故发生前及时作出预防部署，提高供电单位的事件反应能力和电网坚强性，有效提高电网的安全运行和电能质量，更可靠地为国民经济服务。

第1章　变压器基础知识及技术发展趋势

变压器是利用电磁感应原理将一种电压和电流的交流电能转换成同频率的另一种电压和电流的交流电能。变压器最主要的部件是绕组和铁芯。工作时，接交流电源吸取电能的绕组，叫作一次绕组；接负载输出电能的绕组，叫作二次绕组。一次、二次绕组具有不同的匝数，但放置在同一铁芯上，通过电磁感应关系，一次绕组的电能即可传递到二次绕组，且使一次、二次绕组具有不同的电压和电流。变压器把大功率的电能从发电厂输送到远距离的用电区，需采用高电压输电。电能输送到用电地区后，再用降压变压器将电压降到配电区，供各种动力和照明设备使用。变压器的生产和使用对电力传输具有重要意义。变压器是电网中最重要的变电设备，随着智能电网的建设，电网对变压器运行可靠性和应对复杂工况能力提出了更苛刻的要求，也对变压器状态感知能力提出了更高的要求。

1.1　变压器的用途及分类

1.1.1　变压器的用途

变压器可以方便地将交流电压升高或降低，以适应不同的需要。从发电厂、变电站，到电气铁路、冶金、矿山以及其他各种工业企业，变压器得到了广泛的应用。此外，变压器在通信、计算机、家用电器等方面，也被大量地使用。因此，为不同目的而制造的变压器差别很大，它们的容量范围可以从几伏安到上千兆伏安，电压等级可以从几伏到几百万伏。本书所讨论的变压器，主要是用于变电和配电的变压器。

1.1.2　变压器的分类

根据变压器在电网中的用途不同，可以分为升压变压器、降压变压器、联络变压器、隔离变压器，以及用于直流输电的换流变压器。

升压变压器是用来升高电压的变压器，它主要用于发电厂的升压站，位于电源侧。

降压变压器是用来降低电压的变压器，它主要用于电网传输电能至负荷中心的变电站及用户自己的专用变电站，位于负荷侧。

联络变压器主要用于两个不同电压等级之间电网的功率交换。它与升压变压器、降压变压器不同的是，联络变压器的功率流向是双向的。

隔离变压器一般是一次绕组、二次绕组相互绝缘，变比为 1:1 的变压器，主要用于一、二次侧电路电气连接上的隔离。

以上这些变压器仅是应用上的名称区别，除了为与所连接的电网相适应而略有不同的额定电压外，在原理和结构方面，并无区别。

换流变压器是接在换流阀与交流系统之间的电力变压器，是交、直流输电系统中的换流、逆变两端接口的核心设备。采用换流变压器实现换流阀与交流母线的连接，并为换流阀提供一个中性点不接地的三相换相电压。换流变压器与换流阀是构成换流单元的主体，作用关键，这就要求其具有高可靠性和高技术性能。因为有交、直流电场及磁场的共同作用，所以换流变压器的结构特殊、复杂，对制造环境和加工质量要求严格。

按照单台变压器的相数来区分，可以分为三相变压器和单相变压器。在电网中，一般使用三相变压器。当容量过大、运输条件受限制时，也使用三台单相变压器组成变压器组。

按照绕组的数量，电网中使用的变压器一般可以分为两绕组变压器、三绕组变压器、多绕组变压器（分裂变压器）和自耦变压器。两绕组变压器用于有两级电压且要求一、二次侧电气隔离的变电站；三绕组变压器用于有三级电压且三侧绕组电气隔离的变电站。在一些特殊情况下，也有应用更多绕组的变压器存在。自耦变压器一般是三绕组变压器，只是其中两个绕组共用一段公共绕组，电气上这两个绕组是连在一起的，没有相互绝缘。

按照铁芯的结构型式，变压器可以分为芯式变压器和壳式变压器。绕组外部大部分未被铁轭包围的变压器称为芯式变压器；芯式变压器为绕组垂直方向布置，即绕组圆柱的轴与地面垂直。绕组外部大部分被铁轭包围，吊罩后几乎不能看见绕组的变压器称为壳式变压器。壳式变压器为绕组水平方向布置，即绕组圆柱的轴与地面平行。

按照铁芯的数量，变压器可以分为单相两柱、单相三柱变压器和三相三柱、三相五柱变压器。

按照调压方式的不同，变压器可以分为有载调压变压器、无载调压变压器和无分接变压器。能够带负荷进行电压调节的变压器称为有载调压变压器；必须停电才能进行电压调节的变压器称为无载调压变压器；没有电压调节功能的变压器称为无分接变压器。

按照绝缘介质不同，变压器可以分为油浸式变压器、干式变压器（树脂浇注、气体绝缘）。

按照冷却方式不同，变压器可以分为油浸自冷变压器、油浸风冷变压器、强迫油循环风冷变压器、强迫油循环水冷变压器、强迫油导向循环风冷变压器、强迫油导向循环水冷变压器。

此外，还有在电网中大量使用的其他专门用途的变压器，如电压互感器、电流互感器、Z 形变压器、抽能高压电抗器等，以及试验用的高压试验变压器、大电流发生器等。尽管变压器类型不同，各种变压器工作的基本原理却是一样。

1.2　电力变压器的结构及元件

油浸式电力变压器在交流输电系统中应用最广，如图 1－1 所示。油浸式电力变压器其主体部分放在油箱内，箱内灌满变压器油，利用油受热后的对流作用，把铁芯和绕组产生的热量经油箱外壁上的散热器发散到空气中，同时变压

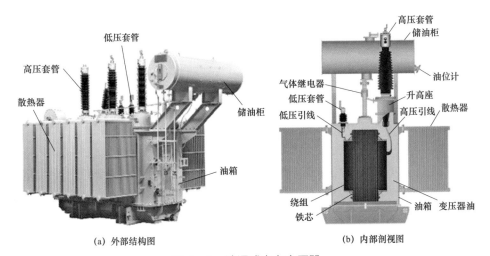

(a) 外部结构图　　　　　　　　　(b) 内部剖视图

图 1－1　油浸式电力变压器

5

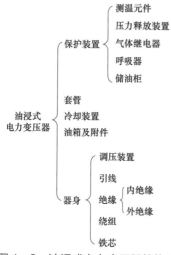

图 1-2 油浸式电力变压器的构成

器油又隔绝了绕组与空气，提高了绝缘强度，避免了空气中的水汽及其他气体对绝缘的危害。

对于不同电压等级的变压器，有不同的绝缘结构；不同冷却介质的变压器也有不同的散热结构。油浸式电力变压器的构成如图 1-2 所示。

铁芯和绕组是变压器的主要部件。铁芯通常用表面涂有绝缘漆的 0.35mm 硅钢片叠成或卷成，近年来已采用低损耗的冷轧硅钢片，其厚度达 0.2mm，以进一步降低变压器的空载损耗和发热。

铁芯结构有芯式和壳式两种。芯式结构中，绕组包围铁芯柱，通常用于高压、小电流的场合。壳式结构中铁芯套住绕组，常用于低电压、大电流的场合。变压器的铁芯构成了闭合的磁通通路，采用高导磁率低损耗的软磁材料，一方面是为了减小磁滞损耗，减少铁芯材料的厚度，以降低涡流损耗；另一方面是使磁通尽量都集中在铁芯中，力求减小漏磁通。

绕组是由绝缘铜线或铝线绕制而成，是线圈的组合，它构成了变压器的电路部分。以最简单的单相双绕组电力变压器为例，其一个绕组与电源相连用以输入电能，称为一次绕组（旧称原绕组、初级绕组）；另一个绕组与负载相连，用以向负载输出电能，称为二次绕组（旧称副绕组、次级绕组）。

1.2.1 铁芯

变压器铁芯是变压器的主要部件之一，铁芯由芯柱、铁轭和夹件组成，是变压器主磁路，也是变压器器身的机械骨架，其对变压器的性能有很大的影响。变压器的一、二次绕组通过主磁路中的磁通进行耦合，将功率由一次侧传输到二次绕组。铁芯的作用是导磁，以减小励磁电流。为了提高磁路的导磁性能和减小涡流及磁滞损耗，铁芯通常用涂有绝缘漆的 0.23～0.5mm 厚的硅钢片叠成。在配电变压器中，也有用薄硅钢片卷制而成的卷铁芯变压器。卷铁芯由于是沿着取向硅钢片的最佳导磁方向卷绕而成，完全充分地发挥了取向硅钢片的优越性能，磁路畸变小，且没有叠片式铁芯的气隙，因此比叠片式铁芯空载损耗及空载电流都要小。

在我国，芯式铁芯和壳式铁芯结构这两种变压器都在生产和使用。自 1935

年晶粒取向的冷轧硅钢片出现以后，铁芯材料由原来的热轧硅钢片改为冷轧硅钢片，硅钢片的厚度也由原来的 0.5mm 减小到 0.3、0.23mm。铁基非晶合金的带材厚度为 0.03mm 左右，广泛应用于配电变压器、大功率开关电源、脉冲变压器、磁放大器、中频变压器及逆变器铁芯，适合于 10kHz 以下频率使用。

铁芯结构及加工工艺也有了不断的改进，如叠片搭接由直接缝改成了全斜接缝；用玻璃粘带绑扎代替了用穿芯螺杆夹紧。为减少切口毛刺，采用快速自动剪切机剪切硅钢片。铁芯材料、结构及加工工艺的改进，大大降低了变压器的铁芯损耗。

变压器的铁芯是框形闭合结构。其中，套线圈的部分称为芯柱，不套线圈只起闭合磁路作用的部分称为铁轭。在叠装硅钢片时，常采用交错式装配方法。它是把剪成一定尺寸的硅钢片交错叠装而成，叠装时相邻层的接缝要错开。为减少装配工时，一般用两三片作一层，如图 1-3 所示。

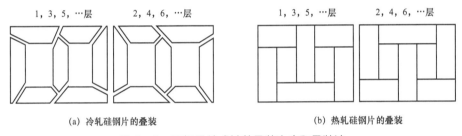

(a) 冷轧硅钢片的叠装　　　　　　　　(b) 热轧硅钢片的叠装

图 1-3　三相叠片式铁芯叠装次序和叠装法

为了能充分利用圆形绕组内空间的面积，节约绕组金属用量，铁芯柱的截面多制成内接多级阶梯形，大型变压器的铁芯还设有油道，以利于油在铁芯内循环，加强散热效果，如图 1-4 所示。

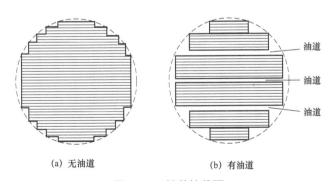

(a) 无油道　　　　　　　　　　　(b) 有油道

图 1-4　铁芯柱截面

磁轭截面有正方形、T 形和阶梯形几种，如图 1-5 所示。

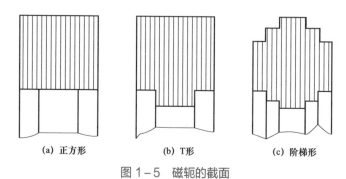

(a) 正方形　　　　(b) T形　　　　(c) 阶梯形

图1-5　磁轭的截面

铁芯叠装之后，要用槽钢夹件将上、下磁轭夹紧，大型变压器的夹紧螺栓要穿过磁轭。为了不使夹件和夹紧螺栓中形成涡流损耗，在夹件、螺栓与磁轭之间必须用绝缘纸板和套筒进行绝缘。夹紧装置松动必将增加变压器在运行中的噪声。

电力变压器的铁芯多数为芯式结构。芯式变压器常采用单相二柱式和三相三柱式的铁芯。大容量变压器由于受运输高度的限制，常常采用单相三柱式铁芯（一芯、二旁轭）、单相四柱式铁芯（二芯、二旁轭）、三相五柱式铁芯（三芯、二旁轭）。我国110kV及以下电压等级变压器，220kV、90MVA及以下容量的变压器，一般采用三相三柱式的铁芯；220kV、90MVA以上的三相变压器，一般采用三相五柱式的铁芯；500kV单相无载调压变压器，一般采用单相三柱式铁芯；500kV单相有载调压变压器，一般采用单相四柱式铁芯。图1-6所示为变压器绕组及铁芯结构。

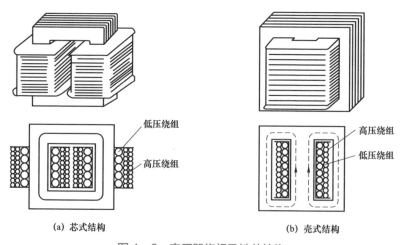

低压绕组
高压绕组
(a) 芯式结构

高压绕组
低压绕组
(b) 壳式结构

图1-6　变压器绕组及铁芯结构

1.2.2　绕组

绕组用包有绝缘的铜导线（曾经也有用铝导线）绕制成的一组连续线匝，称为变压器的绕组。绕组是变压器的主要部件之一。三相变压器每相的一、二次绕组做成圆筒形，同心地套装在铁芯柱上。由于低压绕组对铁芯的绝缘要求低，故将其布置在靠近铁芯的内层，高压绕组布置在外层。变压器绕组如图 1-7 所示。

大型变压器的高压绕组通常采用高强度的半硬铜导线绕制成圆筒形线圈，线匝的层间垫以绝缘垫片，内外层用绝缘撑条构成的油道来绝缘。低压绕组则用自粘换位绝缘铜导线绕制。

变压器的绕组有多种绕制方式和结构型式，根据绕组绕制方法的不同，变压器绕组又分为圆筒式、螺旋式、连续式和纠结式等，图 1-8 为芯式变压器的绕组型式分类情况。变压器绕组的几种形式如图 1-9 所示。

图 1-7　变压器绕组

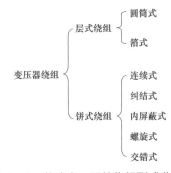

图 1-8　芯式变压器的绕组型式分类情况

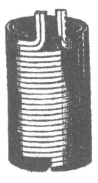

(a) 圆筒式

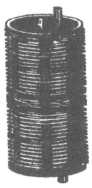

(b) 螺旋式

(c) 连续式

(d) 纠结式

图 1-9　变压器绕组的几种形式

圆筒式绕组是最简单的一种绕组型式，由扁导线或圆导线一匝挨着一匝绕制而成，匝间无空隙。这种绕组绕制工艺简单，但机械强度较差，散热面积小，绕制高度不好控制，多用于小容量、低电压变压器。当匝数多时，可绕成多层圆筒，层间可设纵向油道。圆筒式绕组一般用于小型变压器或大型变压器的低压绕组。

箔式绕组是由铜箔或铝箔按每层一匝或分段为几匝连续绕制而成。由于每匝线圈的固定面积增大，而且轴向单位长度上的电流值减小，因此它具有较高的抗短路电流强度的能力。这种绕组常用作配电变压器的低压绕组，特别是在干式变压器中得到了大量使用。

螺旋式绕组由多根扁导线并联绕制而成，相邻线匝由垫块分开，沿轴向间隔一个油道宽度，绕成螺旋状的线圈。根据并联导线的根数不同，螺旋式绕组可以分为单螺旋式、双螺旋式和四螺旋式三种。这种绕组机械强度高于圆筒式，散热面积大，但它能容纳的线匝较少，多用于低压大电流绕组或调压绕组。

连续式绕组是由若干根扁线沿辐向绕制成的一组饼状线段组成的，每一线段有若干匝，每匝为一根或由几根扁线并联。这种绕组具有较高的机械强度，所能容纳的线匝较多，散热面介于圆筒式绕组和螺旋式绕组之间。尽管连续式绕组结构机械强度高，但由于其耐雷电冲击能力差，故不能用于较高电压的变压器绕组，多用作各种容量变压器的 63kV 及以下电压等级的绕组。

纠结式绕组是一种线匝之间交叉纠结连接的特殊连续式绕组，是在连续式绕组的基础上发展起来的，具有较高的纵向电容，从而改善绕组在陡波电压作用下的电场分布，广泛地用作 60kV 及以上电压等级的高压绕组。

内屏蔽式绕组是在连续式绕组的部分线段的匝间，插入不承担负载电流的导体。插入的导体增加了绕组的纵向电容，改善了绕组纵向的冲击电位分布。内屏蔽式绕组适合于并联导线数量较多，或采用换位导线，无法纠结绕制的大容量、高电压线圈中。

1.2.3 绝缘

变压器内导电体之间、导电体与地之间，要按承受各种正常和异常电压的情况来进行绝缘设计。变压器的绝缘按能长期承受工频工作电压、可能出现的工频过电压、雷电过电压和操作过电压考虑。变压器绝缘包括外部绝缘和内部绝缘两部分。外部绝缘指的是油箱以外、引出线套管对地以及套管之间的绝缘。内部绝缘指的是油箱内的绝缘，主要是匝间（层间、饼间）、绕组间、引线间、绕组对地、引线对地和分接开关对地的绝缘。内绝缘又分为主绝缘和纵绝缘。

主绝缘是指绕组对地、同相不同电压等级绕组之间、不同相之间的绝缘；纵绝缘是指同一个绕组其不同部位之间如层间、匝间及绕组与静电屏之间的绝缘。变压器的绝缘结构按其部位和功能如图 1-10 所示。变压器内绝缘如图 1-11 所示。

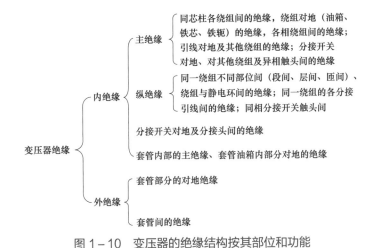

图 1-10　变压器的绝缘结构按其部位和功能

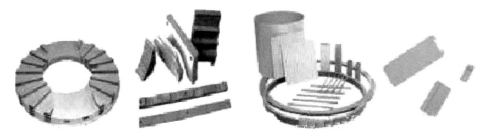

(a) 电工层压木板　　　　　　　　　　(b) 绝缘纸板

图 1-11　变压器内绝缘

　　油浸式变压器中的主要绝缘材料是变压器油和纤维绝缘纸。油浸纸绝缘结构基本都能满足从低压配电变压器到超高压和特高压变压器的绝缘要求。绝缘纸和压制成的绝缘纸板通常用作匝间、层间绝缘及绕组中的垫块、撑条，主绝缘的隔板、角环、绝缘筒等。在绕组、绝缘件的间隙部位，由变压器油来填充。

　　变压器油的作用是绝缘和散热。在选用变压器油时，应注意它的一般性能，如绝缘强度、黏度、闪点、凝固点以及杂质（酸、碱、水分、纤维等）含量是否符合要求。变压器油要求十分纯净，不含杂质，如酸、碱、硫、水分、灰尘、纤维等。其中含有少量水分将使绝缘强度大大降低。因此，防止潮气和水分侵入变压器油中十分重要。表 1-1 为不同电压等级变压器对新油和运行中油的性能要求。

表 1-1　　　　　不同电压等级变压器对新油和运行中油的性能要求

序号	项目	投运前的油	运行中的油
1	外观	透明、无杂质或悬浮物	透明、无杂质或悬浮物
2	pH 值	≥5.4	≥4.2
3	酸值（mgKOH/g）	≤0.03	≤0.1
4	闪点（闭口）（℃）	≥140（10 号、25 号油） ≥135（45 号油）	≥135（10 号、25 号油） ≥130（45 号油）
5	水分（mg/L）	66～110kV：≤20 220kV：≤15 330～500kV：≤10	66～110kV：≤35 220kV：≤25 330～500kV：≤15
6	击穿电压（kV）	15kV 以下：≥30 15～35kV：≥35 66～220kV：≥40 330kV：≥50 500kV：≥60	15kV 以下：≥25 15～35kV：≥30 66～220kV：≥35 330kV：≥45 500kV：≥50
7	界面张力（25℃）（mN/m）	≥35	≥19
8	介质损耗（90℃）（%）	330kV 及以下：≤1 500kV：≤0.7	330kV 及以下：≤4 500kV：≤2
9	体积电阻率（90℃）（Ω·m）	≥6×10^{10}	330kV 及以下：≥3×10^{9} 500kV：≥1×10^{10}
10	油中含气量（V/V）（%）	330kV：≤1 500kV：≤1	一般不大于 3

1.2.4　套管

变压器套管是由外部的瓷套、中心的导电杆、金属法兰，以及中间的电容层（对于电容式套管）组成。套管通过法兰固定在变压器油箱上，上半部分暴露在空气中，下半部分浸在变压器油中。其导电杆在油箱中的一端与变压器绕组相连，在空气中的一端与线路或其他设备相连。由于套管具有强的轴向电场分量（与导电杆方向平行），容易产生沿套管表面的滑闪。除 35kV 及以下的小电流套管使用单一固体绝缘材料外，一般都在套管内部与高压导电杆之间增加电容层，使轴向和辐向的电场分布趋于均匀。套管的种类较多，按其结构特点和主要绝缘介质不同，可以分为单一绝缘材料套管（包括纯瓷套管、树脂套管）、复合绝缘套管（包括充油套管、充气套管）和电容式套管三类，在变压器上使用的主要是纯瓷套管和电容式套管。变压器套管示例如图 1-12 所示。

(a) 纯瓷套管　　　　　　　　　　　　　　　　(b) 电容式套管

图 1-12　变压器套管示例

1. 充油套管

以瓷套内腔充填的绝缘油加绝缘屏障为绝缘介质的套管。由于其结构比较简单，广泛用于变压器 35、10kV 侧。

2. 电容式套管

以油纸或胶纸为主要绝缘，并以电容屏来均匀轴向和辐向电场分布的套管。其核心部分是电容芯，是由多层油纸或胶纸构成的密集绝缘体。绝缘层间夹进金属箔，构成多个同心圆柱形的电容器。同心圆柱形电容器电极的直径由内向外依次增加，而其长度则依次减小。电极的直径和长度按一定的规律选取，使轴向和辐向的电场分布趋于均匀。电容式套管一般用于 35kV 大电流套管和 110kV 及以上变压器出线套管。

1.2.5　油箱及附件

油箱是油浸式变压器的外壳，变压器器身置于油箱的内部，箱内注满变压器油。油箱分箱盖、箱体、箱底三部分。中小型变压器多制成箱式，即将箱壁与箱底焊接成一个整体，器身置于箱中；检修时，需要将器身从油箱中吊出，如图 1-13（a）和图 1-13（b）所示。大型变压器一般为钟罩式油箱，即将箱壁与箱顶焊接成一个整体，器身与箱底固定；检修时，将钟罩式箱罩吊出，如图 1-13（c）所示。

根据不同的散热条件，有平面油箱、片式油箱和波纹式油箱。为满足现场检修、安装和维护的需要，平面油箱又做成钟罩式油箱和上顶盖法兰密封式油箱。片式油箱和波纹式油箱一般用于 10、35kV 小容量配电变压器。10、35kV 大容量变压器一般采用上顶盖法兰密封式油箱，110kV 及以上电压等级的变压器一般采用钟罩式油箱。

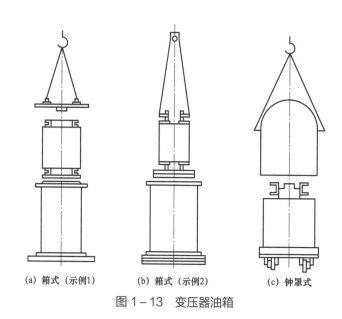

(a) 箱式（示例1）　　(b) 箱式（示例2）　　(c) 钟罩式

图 1-13　变压器油箱

1. 储油柜

储油柜如图 1-14 所示。

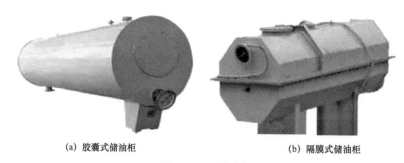

(a) 胶囊式储油柜　　　　　　　　(b) 隔膜式储油柜

图 1-14　储油柜

为了保证套管内壁与导电杆之间、套管升高座内充满油，以及适应热胀冷缩引起的油箱内油的体积变化，在变压器油箱顶部安装了一个储油柜。储油柜通过管道和变压器油箱顶部的最高点、各套管升高座上端分别相联。储油柜内的油位应高于套管升高座顶部。现在的储油柜一般采用胶囊式。胶囊式储油柜内有一个胶囊，胶囊外部与储油柜内的油接触，油通过该胶囊与空气隔绝。胶囊出口联结至储油柜的法兰上，通过与储油柜的法兰联结的管道，经装满硅胶的呼吸器与大气相通，使胶囊内部充满干燥空气。油箱内的油因热胀冷缩发生体积变化时，就通过胶囊内空气的呼吸来调节。金属膨胀器式储油柜是在储油柜内安装了一个体积能发生变化的金属膨胀器，油在金属膨胀器内（内油式）或外（外油式）。外油式金属膨胀器内部空间通过与储油柜的法兰联结的管道，经装满硅胶的呼吸器与大气相通。油箱内的油体积变化时，通过金属膨胀器的伸缩进行调节。储油柜结构如图 1-15 所示。

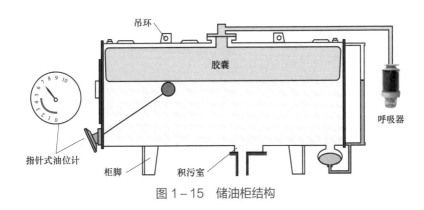

图 1-15　储油柜结构

2. 气体继电器

气体继电器是一种机械式非电气量动作的继电器。当变压器内部发生放电或过热故障时，局部的能量使变压器油分解产生气体。轻微故障时，气体缓慢产生并聚集在气体继电器里，使气体继电器里的油面下降，继电器的接点闭合，作用于信号。严重故障时，变压器油箱内分解产生的气体形成强烈油流，气体继电器的接点闭合，作用于跳闸。气体继电器外形图如图 1-16 所示，气体继电器结构原理图如图 1-17 所示。

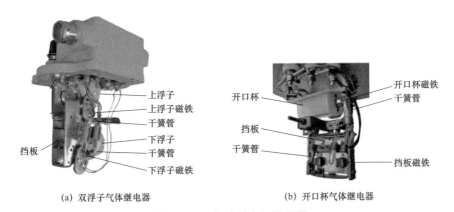

(a) 双浮子气体继电器　　　　　　　(b) 开口杯气体继电器

图 1-16　气体继电器外形图

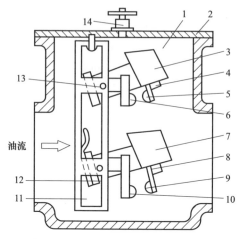

图 1-17　气体继电器结构原理图

1—容器；2—盖板；3—上油杯；4、8—永久磁铁；5—上动触点；6—上静触点；7—下油杯；9—下动触点；

10—下静触点；11—支架；12—下油杯平衡锤；13—上油杯转轴；14—放气阀

图 1-18　压力释放阀

3. 压力释放阀

压力释放阀如图 1-18 所示。

当变压器内部发生严重故障时，将产生大量的气体，使油的体积迅速膨胀。当油箱内的压力达到 0.05~0.06MPa 时，压力释放阀动作，油流向外喷出，以避免油箱受到强烈的压力作用而爆裂。一般情况下，在油箱上安装一个压力释放阀；对于油量较大的变压器，可安装两个压力释放阀。

1.3　变压器的技术参数及工作特性

1.3.1　变压器的技术参数

1. 双绕组变压器的技术参数

（1）空载电流 I_0。空载电流 I_0 又称励磁电流，铁芯中的主磁通就是由它建立的。将变压器一次绕组侧加交流电源，二次绕组侧空载，做变压器的空载试验可测得变压器空载电流，一般以对额定电流比的百分数表示。

$$I_0\% = \frac{I_0}{I_{1N}}100\%　　　　　　（1-1）$$

式中　$I_0\%$——空载电流百分比；

I_0——空载电流，A；

I_{1N}——一次侧额定电流，A。

（2）空载损耗 P_0。空载损耗也可在空载试验中测定。空载损耗又称铁芯损耗（以下简称铁损），是变压器在额定电压条件下，铁芯内励磁电流引起磁通周期变化时产生的损耗，因此称为铁芯损耗。空载损耗包括磁滞损耗 P_h、涡流损耗 P_b、附加损耗 P_s。磁滞损耗和涡流损耗常常以总和计算，称为基本铁损。附加铁损难以计算，一般取为基本铁损的 15%～20%。空载损耗 P_0 计算见式（1-2）。

$$P_0 = P_h + P_b + P_s = C_1 f B_m^n V + C_2 f^2 B_m^2 V + P_s \qquad (1-2)$$

式中　f——频率，Hz；

B_m——最大磁通密度，T；

n——磁滞系数；

V——铁芯总体积，m^3；

C_1——由材料性质决定的系数；

C_2——由材料性质和厚度决定的系数。

（3）阻抗电压 U_k。阻抗电压 U_k 可以在变压器短路试验中确定。短路试验中，先将二次绕组（一般为低压绕组）短路，后在一次绕组（一般为高压绕组）施加低电压，并逐渐升高直至二次绕组中的电流等于额定值，此时一次绕组处的电压称为阻抗电压。它反映了二次绕组额定电流在变压器短路阻抗上的压降。以阻抗电压 U_k 对一次侧额定电压 U_{1N} 的百分数 $U_k\%$ 来表征阻抗电压的大小，见式（1-3）。

$$U_k\% = \frac{U_k}{U_{1N}}100\% \qquad (1-3)$$

（4）短路损耗 P_k。短路损耗 P_k 又称为负载损耗。变压器处于额定运行状态时，一次、二次绕组均流过额定电流，绕组中产生的损耗就是短路损耗。短路损耗也可通过短路试验测得，即将变压器的二次绕组短路，在一次侧从零施加电源电压并逐渐升高，直到一次绕组中通过额定电流。当一次绕组中通过额定电流时，变压器消耗的功率即为短路损耗。基本的短路损耗 P_r 主要与额定电流的平方成正比。另外，绕组导线间的环流损耗，漏磁场导致的集肤效应使得导线有效电阻增加的铜损，可以称为短路损耗中的附加损耗。短路损耗计算见式（1-4）。

$$P_k = P_r + P_s = I_{1N}^2 R_1 + I_{2N}^2 R_2 + P_s \qquad (1-4)$$

式中　R_1、R_2——一次、二次绕组的电阻值；

I_{1N}、I_{2N}——一次、二次绕组的额定电流；

P_s——短路损耗中的附加损耗部分。

2. 三绕组变压器的技术参数

三绕组变压器有一个一次绕组、两个输出绕组，一般将这三个绕组分别称为高压绕组、中压绕组、低压绕组，或者一次绕组、二次绕组、三次绕组。因为有三个绕组存在，故三绕组变压器的短路试验要做三次，以分别测量三侧绕组间的阻抗电压 U_{k12}、U_{k13}、U_{k23}，三侧绕组间的短路损耗 P_{k12}、P_{k13}、P_{k23}。由于与两绕组变压器相比，三绕组变压器一次绕组仍是一个，故其空载试验与两绕组变压器是类似的，空载损耗 P_0 和空载电流 I_0 的概念也与两绕组变压器所述相同。

（1）阻抗电压。三绕组变压器的阻抗电压共有三个：若将二次绕组短路，在一次绕组加电源电压并从零开始逐渐升高，至二次绕组流过的电流达到额定电流时，在一次侧施加的电压占一次额定电压的百分比即为阻抗电压 U_{k12}；若将三次绕组短路，在一次绕组施加电源电压并从零开始逐渐升高，当三次绕组流过的电流达到额定电流时（注意：三次绕组的额定容量，可以不等于一次绕组的额定容量），在一次侧施加的电压折算到变压器额定容量时的电压占一次额定电压的百分比即为阻抗电压 U_{k13}；在两个负载侧中，使额定容量较小的一个绕组（二次或三次绕组）达到额定电流时，在另一个绕组（三次或二次绕组）施加的电压折算到变压器额定容量时的电压占该绕组额定电压的百分比即为阻抗电压 U_{k23}。这些阻抗电压的数值通常也是用百分数的形式表示的。对于三个绕组容量不等的变压器，施加的电压均需折算到变压器最大绕组额定容量时的电压。在铭牌上，这些阻抗电压都已按一次额定容量进行了换算。

（2）短路损耗。三绕组变压器的短路损耗有三个值：P_{k12}、P_{k13}、P_{k23}。若将二次绕组短路，一次绕组接电源电压并逐渐升高，至二次绕组流过额定电流时，一次绕组和二次绕组产生的功率损耗之和即为短路损耗 P_{k12}；若将三次绕组短路，一次绕组接电源电压并升高至三次绕组流过额定电流时，一次和三次绕组产生的功率损耗之和即为短路损耗 P_{k13}；在两个负载侧中，使变压器额定容量较小的一个绕组（二次或三次绕组）达到额定电流时，在二次和三次绕组产生的功率损耗之和为短路损耗 P_{k23}。

对三个绕组容量不等的变压器，铭牌上的短路损耗数据的标示方法有两种情况：一是向容量较小即负载绕组的额定容量换算后标出；二是向容量较大即电源绕组的额定容量换算后标出。

短路损耗是反映绕组特性的，必要的时候需要把 P_{k12}、P_{k13}、P_{k23} 换算成各个绕组额定容量下的短路损耗 P_{k1}、P_{k2}、P_{k3}。

若 P_{k12}、P_{k13}、P_{k23} 是按负载侧绕组额定容量标出的，一次绕组短路损耗 P_{k1}，二次绕组短路损耗 P_{k2}，三次绕组短路损耗 P_{k3} 的计算式为

$$P_{k1} = \frac{S_{1N}^2(S_{3N}^2 P_{k12} + S_{2N}^2 P_{k13} - S_{1N}^2 P_{k23})}{2S_{2N}^2 S_{3N}^2} \tag{1-5}$$

$$P_{k2} = \frac{S_{2N}^2(S_{3N}^2 P_{k12} + S_{1N}^2 P_{k23} - S_{2N}^2 P_{k13})}{2S_{1N}^2 S_{3N}^2} \tag{1-6}$$

$$P_{k3} = \frac{S_{3N}^2(S_{2N}^2 P_{k13} + S_{1N}^2 P_{k23} - S_{3N}^2 P_{k12})}{2S_{1N}^2 S_{2N}^2} \tag{1-7}$$

若 P_{k12}、P_{k13}、P_{k23} 是按电源侧绕组侧额定容量给出的，则按式（1-8）计算一次短路损耗 P_{k1}、二次短路损耗 P_{k2}（折算至二次绕组额定容量下），三次短路损耗 P_{k3}（折算至三次绕组额定容量下）。

$$P_{k1} = \frac{P_{k12} + P_{k13} - P_{k23}}{2} \tag{1-8}$$

$$P_{k2} = \frac{S_{2N}^2(P_{k12} + P_{k23} - P_{k13})}{2S_{1N}^2} \tag{1-9}$$

$$P_{k3} = \frac{S_{3N}^2(P_{k13} + P_{k23} - P_{k12})}{2S_{1N}^2} \tag{1-10}$$

当三绕组变压器的三个绕组容量相等时，P_{k12}、P_{k13}、P_{k23} 如下计算：

$$P_{k1} = \frac{P_{k12} + P_{k13} - P_{k23}}{2} \tag{1-11}$$

$$P_{k2} = \frac{P_{k12} + P_{k23} - P_{k13}}{2} \tag{1-12}$$

$$P_{k3} = \frac{P_{k13} + P_{k23} - P_{k12}}{2} \tag{1-13}$$

变压器负载运行时，标志变压器性能的主要指标是电压调整率（又称电压变化率）和效率。电压调整率是变压器供电的质量指标，效率是变压器运行时的经济指标。

1.3.2　电压调整率和外特性

1. 电压调整率

变压器一次侧施加额定电压、二次侧开路时，二次侧空载电压就等于二次侧额定电压。带上负载后，由于在内部的漏抗上要产生压降，二次侧输出电压就要改变。二次侧电压变化的大小，用电压变化率 ΔU 来表示。

电压变化率是指当变压器的一次侧施加额定电压，空载时的二次侧电压 U_{20} 与在给定负载功率因数下带负载时二次侧实际电压 U_2 之差（$U_{20}-U_2$），与二次侧额定电压的比值，即

$$\Delta U = \frac{U_{20}-U_2}{U_{2N}}$$

也可写成

$$\Delta U = \frac{k(U_{20}-U_2)}{kU_{2N}} = \frac{U_{1N}-U_2'}{U_{1N}} = 1 - U_{2*}$$

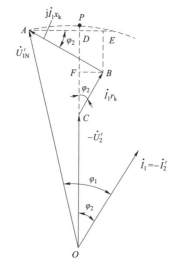

图 1-19 带感性负荷时变压器的
　　　　 简化向量图

电压调整率是变压器的主要性能指标之一，它反映了供电电压的质量（电压的稳定性）。电压调整率可根据变压器的参数、负载的性质和大小，由简化相量图求出。带感性负荷时变压器的简化向量图如图 1-19 所示。

图 1-19 中，ΔU 与阻抗标幺值的关系可以通过作图法求出。延长 OC，以 O 为圆心，OA 为半径画弧交于 OC 的延长线上 P 点，作 $BF \perp OP$，作 $AE // BF$，并交于 OP 上 D 点，取 $DE = BF$，则

$$U_{1N}' - U_2' = OP - OC = CF + FD + DP$$

因为 DP 很小，可忽略不计，又因为 $FD = BE$，故

$$U_{1N}' - U_2' = CF + BE = CB\cos\varphi_2 + AB\sin\varphi_2$$
$$= I_1 r_k \cos\varphi_2 + I_1 x_k \sin\varphi_2$$

则

$$\Delta U = \frac{U_{1N}' - U_2'}{U_{1N}} = \frac{I_1 r_k \cos\varphi_2 + I_1 x_k \sin\varphi_2}{U_{1N}}$$

因为

$$I_1 = \frac{I_1}{I_{1N}}I_{1N} = \beta I_{1N}$$

于是可得

$$\Delta U = \frac{\beta I_{1N} r_k \cos\varphi_2 + \beta I_{1N} x_k \sin\varphi_2}{U_{1N}}$$
$$= \frac{\beta(r_k \cos\varphi_2 + x_k \sin\varphi_2)}{U_{1N}/I_{1N}} \qquad (1-14)$$
$$= \beta(r_{k*}\cos\varphi_2 + x_{k*}\sin\varphi_2)$$

从式（1-14）可以看出，变压器负载运行时的电压调整率与变压器所带负载的大小 β、负载的性质 $\cos\varphi_2$ 及变压器的阻抗参数 r_k、x_k 有关。在实际变压器中，x_{k*} 比 r_{k*} 大很多倍，故带纯电阻负载时，$\cos\varphi_2 = 1$，电压调整率很小；带感性负载时，$\varphi_2 > 0$，ΔU 为正值，说明这时变压器二次侧电压比空载时低；带容性负载时，$\varphi_2 < 0$，$\sin\varphi_2$ 为负值，当 $|x_{k*}\sin\varphi_2| > r_{k*}\cos\varphi_2$ 时，ΔU 为负值，此时二次侧电压比空载时高。

2. 外特性

从前面的分析可见，对一运行中的变压器，随负载的性质和大小的不同，变压器二次侧输出的电压是要改变的。变压器的外特性就是描述二次侧输出电压的大小与负载大小、负载性质之间的关系。

当 $U_1 = U_{1N}$ 为常数、$\cos\varphi_2$ 为常数时，二次侧输出电压随负载电流变化的规律 $U_2 = f(I_2)$，如图 1-20 所示。

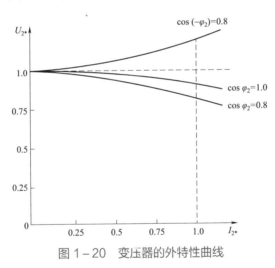

图 1-20　变压器的外特性曲线

图 1-20 中，纵、横坐标可用实际值 U_2、I_2 表示，也可用标幺值 U_{2*}、I_{2*} 表示。从图 1-20 中可以看出，变压器在纯电阻负载时，电压变化比较小；在感性负载时，电压变化较大；而在容性负载时，电压变化可能是负值，即随着负载电流的增加，变压器二次侧输出电压会上升。

而当一次侧电压一定，$U_1 = U_{1N}$，负载一定时，变压器二次侧输出电压变化随功率因数的减小而增大，见图 1-20。这在实用上是很重要的曲线，从图 1-20 可知，在容性负载时，$\varphi_2 < 0$，二次侧输出电压升高，电压变化率是负值，这和负载相量图的结果是一致的。同样可见，在感性负载时，$\varphi_2 > 0$，二次侧输出电压下降，电压变化率是正值；在纯电阻负载时，$\varphi_2 = 0$，二次侧电压也下降，但

变化较小。

1.3.3 变压器的电压调整

从上述分析可见，变压器运行时，二次侧输出电压随负载变化而变化。如果电压变化太大，则会给用户带来不良影响，为了保证输出电压在一定范围内变化，就必须进行电压调整。变压器调压是基于电磁感应的原理，通过变换电压和电流的比例来实现电压的调节。

$$\frac{U_1}{U_2} = \frac{W_1}{W_2} \qquad (1-15)$$

变压器的高压侧线圈设有抽头，通过调整变压器高压侧线圈的匝数就可对二次侧的输出电压进行调整。变压器一次侧所施电压 U_1 的大小由电源决定，可看成是一常数，输出电压 $U_2 = (W_2/W_1)U_1$。

若变压器为升压变压器，W_2 为高压绕组匝数，可通过调整 W_2 对输出电压 U_2 进行调整；W_2 增加则 U_2 增大，反之 U_2 减小。由于这时电源侧 U_1、W_1 为定数，磁通不变，因此这种调压方式为恒磁通调压。

若变压器为降压变压器，W_1 为高压绕组匝数，可通过调整 W_1 对输出电压 U_2 进行调整；W_1 增加则 U_2 减小，反之 U_2 增大。由于这时电源侧 W_1 改变，调整电压时磁通会发生改变，因此这种调压方式为变磁通调压。

变压器的分接头之所以在高压绕组抽出，是因为高压绕组通常套在最外面，分接头引出方便；其次高压侧电流小，分接线和分接开关的载流部分截面小，制造方便，运行中也不容易发生故障。

对于小容量变压器，线圈一般设有 5 个抽头，即 U_N 和 $U_N \pm 2 \times 2.5\% U_N$ 的抽头，对于容量稍大一些的变压器，线圈一般设有 15 个抽头，即 $U_N \pm 8 \times 1.5\% U_N$ 或 $U_N \pm 8 \times 1.25\% U_N$ 的抽头（因调压线圈存在一个正、反接线，有三个挡位是相同的变比，所以不是 17 个抽头，而是 15 个抽头）。因此，小容量变压器的输出电压可通过分接开关在额定电压 $\pm 2 \times 2.5\%$ 范围进行调压。常见的无励磁调压分接开关有中性点调压和中部调压两种方式，以三个分接头为例，如图 1-21 所示。

1.3.4 效率

变压器在传送功率时，存在着两种基本损耗。一种是铜损，它是一、二次绕组中的电流流过相应的绕组电阻形成的，其大小为

$$p_{Cu} = I_1^2(r_1 + r_2') = \left(\frac{I_1}{I_{1N}}\right)^2 I_{1N}^2 r_k = \beta^2 p_{kN} \qquad (1-16)$$

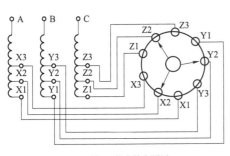

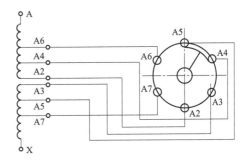

（a）三相中性点调压　　　　　　　　（b）三相中部调压（只示一相）

图 1-21　无励磁分接开关原理接线图

式（1-16）表明，变压器的铜损等于负载系数的平方与额定铜损的乘积，即铜损与负载的大小有关，所以铜损又称为可变损耗。

另一种是铁损，它包括涡流损耗和磁滞损耗两部分。铁损的大小前面已作分析，当电源电压不变时，变压器主磁通幅值基本不变，铁损也是不变的，而且近似地等于空载损耗。因此，把铁损叫作不变损耗。

此外，还有很少的其他损耗，统称为附加损耗，计算变压器的效率时往往忽略不计。因此，变压器的总损耗 $\sum p$ 为

$$\sum p = p_{\mathrm{Cu}} + p_{\mathrm{Fe}} = \beta^2 p_{\mathrm{kN}} + p_0 \tag{1-17}$$

变压器的效率为输出的有功功率 P_2 与输入的有功功率 P_1 之比，用 η 表示，其计算公式为

$$\eta = \frac{P_2}{P_1} = \frac{P_1 - \sum p}{P_1} = 1 - \frac{\sum p}{P_2 + \sum p} \tag{1-18}$$

对于变压器的输出功率

$$P_2 = \sqrt{3} U_2 I_2 \cos\varphi_2 \approx \sqrt{3} U_{2\mathrm{N}} \beta I_{2\mathrm{N}} \cos\varphi_2 = \beta S_{\mathrm{N}} \cos\varphi_2 \tag{1-19}$$

其中，$U_2 \approx U_{2\mathrm{N}}$，$S_{\mathrm{N}} = \sqrt{3} U_{2\mathrm{N}} I_{2\mathrm{N}}$ 是变压器的额定容量。

将式（1-17）和式（1-19）代入式（1-18）中，则得到变压器效率的实用计算公式

$$\eta = 1 - \frac{p_0 + \beta^2 p_{\mathrm{kN}}}{\beta S_{\mathrm{N}} \cos\varphi_2 + p_0 + \beta^2 p_{\mathrm{kN}}} \tag{1-20}$$

对于给定的变压器，p_0 和 p_{kN} 是一定的，可以通过空载试验和短路试验测定。由式（1-19）不难看出，当负载的功率因数也一定时，效率只与负载系数有关，可用图 1-22 中的曲线表示。

由图 1-22 中的效率曲线可知，变压器的效率有一个最大值 η_{m}。进一步的

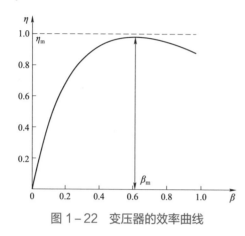

图 1-22 变压器的效率曲线

数学分析证明,当变压器的铜损等于空载损耗时（ $p_0 = \beta^2 p_{kN} = p_{Cu}$ ）,变压器的效率达到最大值。

$$\beta_m = \sqrt{\frac{p_0}{p_{kN}}} \qquad (1-21)$$

式中　β_m——变压器的效率最高时的负载系数。

不难看出,当 $\beta < \beta_m$ 时,变压器的效率急剧下降,而 $\beta > \beta_m$ 时,变压器的效率下降趋势较缓。所以,要提高变压器的运行效率,不能让变压器在较低的负荷下运行。

1.4　变压器技术发展趋势

智能电网是当今世界电力系统发展变革的最新动向,被认为是 21 世纪电力系统的重大科技创新课题和发展方向,世界各国在智能电网建设中都提出了不同的设计方案和构想。2009 年,我国正式提出了统一坚强智能电网的概念,计划通过"规划试点、全面建设、引领提升"三个阶段的努力,全面建成以统一规划、统一标准、统一建设为原则,以特高压电网为骨干网架,各级电网协调发展,具有信息化、自动化、互动化特征的新型电力系统。近年来,随着科技水平的不断提高以及全社会用电量的较快增长,中国电网建设快速发展,装备技术水平也得到进一步提高。

变压器是智能电网中最重要的变电设备,其运行可靠性很大程度上决定了变电站乃至整个智能电网的安全与稳定。随着智能电网的建设,电网对变压器运行可靠性和应对复杂工况能力提出了更苛刻的要求,也对变压器状态感知能力提出了更高的要求。大型电力变压器状态智能感知技术是在智能电网的背景下提出的,并且将成为未来建设智能变电站的关键一环。智能化变压器具备电压变换、远程通信等功能,是变压器、通信、自动控制等多种技术不断融合的结果。与传统变压器相比,智能化变压器在功能、原理、结构上并无本质区别,主要由变压器基本部件、主控单元、传感数据采集、通信传输和调节控制部件等单元组成。智能化变压器通过传感器实时采集能够反映变压器绕组、套管、有载开关等部件运行状况的各种信息,如变压器运行电压、运行负荷电流和变压器顶层油温数据等。并将其与智能变电站中其他网络设备进行交互,同时能接收其他网络系统发出的相关指令和数据。整个系统由计算机进行人工智能管理，系统根据指令和信息交互的处理结果来调整自身的运行状态，实现对变压器的计量、监测、保护和控制等功能。

电力变压器状态智能感知具有测量数字化、控制网络化、状态可视化、功能一体化和信息互动化等技术特征，由变压器设备本体、传感器和相关智能感知组件组成。变压器运行状态智能感知关键技术的开发和应用可以更准确更全面地掌握变压器的实时运行状态，为科学调度提供依据，进而初步实现电网设备的可观性、可控制和自动化的目标，为智能电网的建设奠定基础。变压器状态智能感知关键技术提高了变压器面对未来智能电网更加复杂的运行工况的应对能力，减少新生隐患产生的概率，从而提高整个电网系统的可靠性；同时变压器状态智能感知关键技术可以对变压器绝缘状态、寿命做出快速有效的评估，并可有效地指导变压器运行和维护维修，减少运行维护人员的工作量，降低运行管理成本，使变压器的"定时定期维护"提升到"精准状态维护"成为可能。

集成先进传感技术和数字化技术、信息处理技术、状态评估技术及通信技术为一体的智能感知模块技术，通过智能感知模块与变压器本体结合，初步实现变压器状态智能感知。

由于早期建设的智能变电站状态监测系统所涉及的传感器数量多，功能分散，并且和变电站监控系统相互独立配置，在调试、验收、运行等环节的管理上存在较多的困难。《智能高压设备技术导则》（Q/GDW 410）中给出了高压设备智能感知的技术特征和硬件结构，提出了基本技术要求和应用原则，但对于智能变压器及其智能控制柜的性能检测方法并未给出明确的规范。由于整体联合调试试验与变压器本体出厂试验/型式试验同时开展，本体在整个试验过程中无法覆盖全部运行工况，如过负荷（过热）、局部放电（合格产品应无局部放电）、铁芯接地电流等，因此无法对全部智能感知组件与传感器的功能进行全景测试。所以，为了后续新一代智能变电站试点工程顺利实现缩短调试周期、降低成本的目标，需要制定统一的变压器及智能感知组件的性能检测规范和标准，建立统一的质量检验评价体系，以适应国家建设统一坚强的智能电网的要求。

第 2 章　变压器智能感知技术种类

电力变压器作为支撑智能电网的关键设备，其智能感知水平关系到整个电网的安全可靠运行。变压器智能感知技术能实现对变压器的运行状态的科学有效评估，甚至在设备由于缺陷故障的导致停电事故发生前及时作出预判，提高供电单位的事件反应能力和电网坚强性，有效提高电网的安全运行和电能质量，更可靠地为国民经济服务。变压器智能感知技术用于实现变压器局部放电、油中溶解气体、振动、温度、等参数检测和分析处理，适用于 110kV 及以上电压等级的油浸式大型电力变压器。

2.1　变压器局部放电在线监测

2.1.1　内置式特高频局部放电传感器技术

变压器产生局部放电的同时伴有电脉冲、电磁辐射、声、光、局部发热以及放电导致绝缘材料分解出气体等现象,通过实现对这些现象的检测与诊断可以检测局部放电信号。通常检测方法分为电测法和非电测法。电测法主要包括脉冲电流法、特高频检测法和超宽频检测法等；非电测法主要包括 DGA 法、红外检测法等。

特高频检测技术与《高电压试验技术 – 局部放电测量》（High-voltage test techniques-Partial discharge measurements）（IEC 60270）中的传统方法相比，具有检测频率高、抗干扰性强和灵敏度高等优点，更适合运行状态下的变压器局部放电检测。

特高频法是通过特高频信号传感器接收局部放电过程辐射的特高频电磁波来实现局部放电检测。变压器每一次局部放电都发生正负电荷中和，伴随有一个陡电流脉冲，并向周围辐射电磁波。试验结果表明，局部放电所辐射的电磁波的频谱特性与放电源的几何形状以及放电间隙的绝缘强度有关。当放电间隙比较小时，放电过程的时间比较短，电流脉冲的陡度比较大，辐射高频电磁波的能力比较强；而放电间隙的绝缘强度较高时，击穿过程比较慢，此时电流脉冲的陡度比较小，辐射高频电磁波的能力较弱。

变压器油－隔板结构的绝缘强度较高，因此变压器中的局部放电能够辐射很高频率的电磁波，最高频率能够达到数吉赫（GHz）。油中放电上升沿很陡，脉冲宽度多为纳秒级，能激励起 1GHz 以上的特高频电磁信号。在特高频范围内（300～3000MHz）提取局部放电产生的电磁波信号，外界干扰信号几乎不存在，因而检测系统受外界干扰影响小，可以极大地提高变压器局部放电检测（特别是在线检测）的可靠性和灵敏度。

特高频法通过接收变压器内部局部放电产生的特高频电磁波来实现局部放电的检测。特高频检测法常用的检测频带是 500～1500MHz，而现场噪声通常低于 400MHz，因而可以很好地避开干扰，而且由于检测频带宽，灵敏度也比其他方法高。此外，与其他方法不同，特高频法测得的波形更接近实际的放电脉冲波形，可以较全面地反映变压器内部局部放电的本质特征。

为了能够有效克服变压器箱体对特高频电磁波的屏蔽，使特高频电磁波的检测灵敏度大幅提高的内置式变压器局部放电监测传感器，应满足以下要求：

（1）特高频传感器外壳设计。特高频电路对于壳体屏蔽性能，以及屏蔽腔体大小具有较高的要求。壳体设计过程中应考虑减少天线接收到的干扰信号。

（2）特高频传感器降噪电路设计。主要考虑如何接收到被测品局部放电所产生的特高频信号，采用怎样的放大系统，以及如何对采集到的特高频信号进行降频处理，使得局部放电测量仪能够接收到有效信号。

（3）与变压器油的相容性。由于内置特高频局部放电传感器与变压器油长时间接触，因此该部分一定要选择耐油、绝缘性能好的材料。

（4）密封性。由于内置特高频局部放电传感器涉及在变压器油箱上开孔，必须注意传感器的密封，防止渗漏油。

（5）户外使用的防护等级。由于内置特高频局部放电传感器需要在户外长期运行，因此要注意防尘、防水。

内置式变压器特高频局部放电监测传感器采用图 2－1 和 2－2 所示的结构。

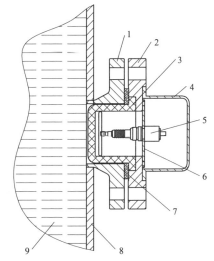

图 2－1　内置特高频局部放电传感器结构图
1—油箱法兰；2—外法兰；3—杯状窗体；4—护盖；
5—特高频传感器；6—连接板；7—密封平垫；
8—变压器油箱壁；9—变压器油

其中杯状窗体的材质采用聚四氟乙烯，聚四氟乙烯材料耐热、耐腐蚀、机械强度高、绝缘性能好。

特高频传感器通常置入杯状窗体内部，使特高频传感器在变压器油箱内接收局部放电产生的特高频电磁波，不会受到外界的干扰和油箱壁的屏蔽，具有很高的检测灵敏度。外法兰上的护盖用于屏蔽外部信号的干扰，同时还有防尘、防水和保护作用。在杯状窗体与油箱法兰之间设置密封平垫可防止变压器油的渗漏，保证检测窗的密封性。为了屏蔽外界的干扰，特高频传感器采用直流供电方式，其直流供电电路如图 2−3 所示。

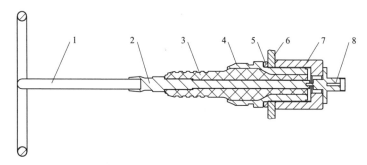

图 2−2　内置特高频局部放电传感器天线结构图

1—接收振子；2—电极导体；3—陶瓷绝缘层；4—金属壳体；5—密封钢圈；6—连接板；
7—锁母；8—输入输出接口

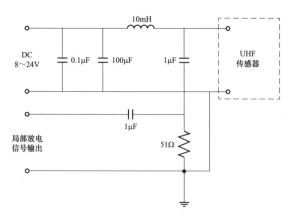

图 2−3　特高频传感器直流供电电路图

2.1.2　复合式宽频带电流传感器技术

复合式宽频带电流传感器集成宽频带电流互感器和工频电流互感器，分别采集局部放电和铁芯多点接地信号，利用电容和电感消除两种信号之间的干扰，大大简化了传感器的安装操作，提高了现场安装调试的工作效率。

传感器由屏蔽壳体、宽频带电流互感器、工频电流互感器、电容、电感和 BNC 头组成，宽频带电流互感器和工频电流互感器安装于屏蔽壳体内。复合式宽频带电流传感器采用如图 2−4 所示的结构。

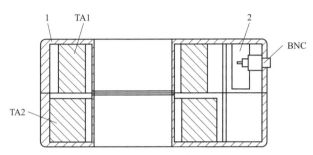

图 2−4　复合式宽频带电流传感器结构图

1—屏蔽壳体；2—电路板；TA1—宽频带电流互感器；
TA2—工频电流互感器；BNC—引线插头

为提高抗电磁干扰性，屏蔽壳体采用具有较强导电导磁的材料制成。同时宽频带电流互感器 TA1 的信号输出端与电容 C 相连，工频电流互感器 TA2 的信号输出端与电感 L 相连，C 和 L 通过 BNC 头引出。宽频带电流互感器 TA1 的地线和工频电流互感器 TA2 的地线相连，然后连接到 BNC 头外壁上。与宽频带电流互感器 TA1 输出端相连的电容 C 可以消除工频电流互感器 TA2 发出的低频信号的干扰。同样，与工频电流互感器 TA2 输出端相连的低频电感 L 可以消除宽频带电流互感器 TA1 发出的高频信号的干扰。两个互感器发出的信号经 BNC 头引出后在变压器外部进行分离。采用全密封设计，防护等级达到 IP65，能够在户外长期稳定运行。

1. 宽频带电流传感器工作原理

宽频带电流传感器等效原理见图 2−5。

该传感器磁芯材料为高频铁氧体。图 2−5 中，L、R、C_s、C_p 分别为线圈的自感、等效电阻、对屏蔽的等效杂散电容、匝间寄生电

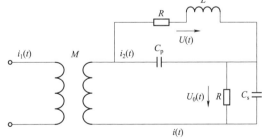

图 2−5　宽频带电流传感器等效原理图

容，M 为电流传感器一、二次间的互感系数，积分电阻 R 上的电压为 $U_0(t)$。

变压器智能感知技术

根据等效电路图，可得方程为

$$Mdi_1(t)/dt = U(t) + U_0(t) \tag{2-1}$$

须满足的电流传感器自积分条件如下：

$$i_2(t) \gg C_p dU(t)/dt \tag{2-2}$$

$$U_0(t)/R \gg C_p dU_0(t)/dt \tag{2-3}$$

$$L_s di_2(t)/dt \gg (R+R_s)i(t) \tag{2-4}$$

忽略 C_p、C_s 影响时的系统传递函数为

$$H(S) = U_0(S)/I_0(S) \approx MR/L_s \tag{2-5}$$

$$M = (\mu Nh/2\pi)\ln(d_2/d_1) = \mu NS/l \tag{2-6}$$

$$L_s = (\mu N2h/2\pi)\ln(d_2/d_1) = \mu NS/l \tag{2-7}$$

$$l = 2\pi r = 2\pi(r_2-r_1)/\ln(r_2-r_1) \tag{2-8}$$

式中　S——矩形磁芯截面积；

　　　l——有效磁路长度；

　　　N——绕线匝数；

　　　μ——线圈相对磁导率；

r_1、r_2——磁芯的内外半径；

d_1、d_2——磁芯的内外直径。

由式（2-5）～式（2-7）可得 $H(S) = R/N$。

导线直径与匝间距离之比减小时，绕组的动态分布电容随之减小，可综合考虑匝数与线圈尺寸，适当选择导线，安排匝间距离，尽量减小匝间寄生电容，并使线圈与屏蔽间的杂散电容对传感器的高频端频率响应起主要作用。

考虑 C_s 影响，零初始条件下系统传递函数为

$$H(S) = U_0(S)/I_1(S) = MS/[L_sC_sS_2 + (L_s/R+R_sC_s)S + R_s/R+1] \tag{2-9}$$

传感器的幅频特性为

$$|H(j\omega)| = \frac{MR}{L_s+RR_sC_s} \times \{1 + [\omega L_s RC/(Ls+RR_sC_s) - $$
$$\omega \times (L_s+RR_sC_s)/(R+R_s)]^{-2}\}^{\frac{1}{2}} \tag{2-10}$$

分析可得传感器的频带宽

$$b_f = f_h - f_1 = (L_s+RR_sC_s)/2\pi L_s RC_s - (R+R_s)/2\pi(L_s+RR_sC_s) \approx $$
$$(1/RC_s - R/L_s)/2\pi \tag{2-11}$$

式中 f_h——上限频率；

  f_1——下限频率。

为使传感器频带 b_f 足够宽，应使 f_1 尽可能小，f_h 尽可能大，即 L_s 尽可能大，R 和 C_s 尽可能小。对于确定尺寸的磁芯，应尽可能选择 μ 和 N 值大的，以增大 L_s。测量微电流时，R_s 与 R 可忽略不计。

由式（2-11）可知，R 与 N 的选取是相互制约的，R 较大时灵敏度大但频宽减小，否则相反。因此，R 和 N 应根据实际选取最佳值。

2. 传感器的设计及参数选择

（1）磁芯的选择。国内用于高频的磁芯材料有铁氧体、微晶态和非晶态材料等。钴基非晶合金的低频响应特性较其他两者好，而对高频脉冲信号，Ni-Zn 铁氧体频带较宽。因此，磁芯宜采用铁氧体材料。

铁氧体材料的相对带宽由式（2-12）决定。

$$f_{max} / f_{min} \propto 2\mu l'h \ln (d_2 / d_1) \times 10^{-9} / (d_2 - d_1 + 2h)^2 \qquad (2-12)$$

式中 d_2、d_1——磁芯内、外径，mm；

  h——磁芯高度，mm；

  l'——线圈总长，mm。

为使其频带尽可能宽，d_2/d_1 必须尽可能大或使 $h=(d_2-d_1)/2$。综合考虑磁芯材料特性和接地线情况，d_2、d_1、h 分别为 34、18、8mm 频宽为 0~40MHz，初始值 μ 为 250。

（2）积分电阻 R 的选取。R 增大时传感器频率上限降低，下限升高，频宽减小。$R=100$、250Ω 时的最高频率分别为 105.1、41.1MHz。实测分别为 103、68MHz，与理论分析基本吻合。

（3）绕线匝数 N 的确定。N 增大时 L_s 增大 f_1 降低，频宽增加但灵敏度降低。但 $N=5$、10 时，高频灵敏度相差不大。为更好地满足自积分条件，同时拓宽频带，选取 $N=10$。

2.1.3 局部放电在线监测技术

局部放电是指在电场的作用下，绝缘介质局部区域被击穿的电气放电现象。根据放电的机理不同可分为汤逊放电、流注放电及热电离放电。从局部放电的位置来看可分为尖端放电、内部放电和表面放电。

局部放电产生后会使绝缘受到损伤，导致材料的机械和电气性能下降、介质老化，散热能力下降导致热击穿等，严重时影响变压器正常运行，造成供电中断。

1. 局部放电检测方法

根据变压器局部放电过程中产生的声、光、电、热等现象，目前的局部放电检测手段有脉冲电流法、超声波检测法、射频检测法、光检测法和特高频（ultra-high frequency，UHF）检测法。

（1）脉冲电流法。脉冲电流法是一种被广泛应用的检测方法。该方法通过检测阻抗或高频电流传感器（high frequency current transformer，HFCT）来检测局部放电。通过测量变压器的套管末端、外壳、中性点和铁芯等部位的接地线的脉冲电流来判断变压器是否发生局部放电。在线监测时一般使用 HFCT 采集局部放电信号，HFCT 一般采用罗可夫斯基线圈绕制而成。

脉冲电流法优点：简单灵敏度较高，精度可达 5pC，早期应用较多。

脉冲电流法缺点：易受外界干扰噪声的影响，抗干扰能力差，单独使用时效果不佳。

（2）超声波检测法。变压器内部放电时，不仅产生电脉冲信号，同时还产生超声波信号。通过附着在油箱壁上的超声传感器收集变压器内的超声信号，从而检测局部放电电量的位置以及大小。

超声波检测法优点：灵敏度较高，具有不影响变压器运行，且受电磁干扰的影响较小的特点。

超声波检测法缺点：超声波的传播途径非常复杂，由于衰减严重使得灵敏度降低，并且造价较高。

（3）射频检测法。射频检测法属于高频局部放电测量，其检测频率可达到 30MHz。利用传感器监测变压器中性点处或传感器直接在变压器内部截取变压器局部放电产生的电磁波信号。常用的传感器主要有罗可夫斯基线圈、电容器传感器和射频传感器。

射频检测法优点：大大地提高了测量频率。

射频检测法缺点：在变压器中性点处截取的电磁波信号衰减很快，得到的频率分量很低。

（4）光检测法。在变压器油中，放电产生脉冲电流的同时伴随着发光、发热现象。光测法是利用光电探测器监测局部放电产生的光辐射信号，将截取的光辐射信号转化为电信号经放大处理后送到监测系统。

光检测法优点：受电磁环境干扰较小。

光检测法缺点：测量设备造价较高，而且只能检测外部放电，灵敏度较低，需要多个传感器。

（5）UHF 检测法。UHF 检测法通过 UHF 传感器接收变压器局部放电产生的 UHF 电磁波信号，实现局部放电的检测。

UHF 检测法优点：检测频段较高，可以有效避开常规电气干扰，检测频带较宽，检测灵敏度较高。

UHF 检测法缺点：电磁波在变压器内部传播时会经过多次折射、反射和衰减，增加了局部放电 UHF 电磁波的检测难度，而且造价较高。

2. 综合检测分析方法

为了提高局部放电测量及准确性，全面监测变压器局部放电状态，综合多种局部放电监测手段的分析方法通常采用环境噪声接收传感器（1 个）、HFCT（2 个）、超声传感器（4 个）、特高频传感器（2 个）4 种传感器配合使用，共同监测变压器绝缘情况。将 HFCT 卡在铁芯接地线上，超声传感器贴在变压器的外壳上，UHF 传感器固定在变压器的人孔或者放油阀上。四种传感器的输出端分别接到 8 通道局部放电在线监测仪的通道上，噪声接收传感器接收环境噪声信号。

（1）高频电流传感器（high frequency current transformer，HFCT）在线监测原理。高频检测技术主要采用脉冲电流原理来检测高压电气设备的局部放电。利用变压器或电抗器绕组与铁芯之间的分布电容形成的耦合通路，如果变压器或电抗器内部发生局部放电，放电产生的高频信号通过此耦合通路经铁芯接地线构成回路，卡装在铁芯接地线上的高频电流传感器即可接收到变压器内部的放电信号并在巡检仪上显示出相应的检测数据，通过局部放电高频检测设备能够获得被检测设备的局部放电信息，检测原理如图 2-6 所示。

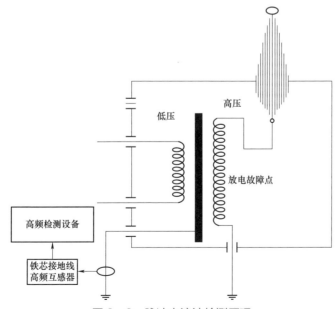

图 2-6　脉冲电流法检测原理

脉冲电流法的监测是通过卡在变压器（电抗器）铁芯接地线或套管根部的适当位置上的宽频带电流互感器来监测脉冲信号的。

（2）特高频传感器在线监测原理。局部放电特高频信号检测技术，则是在300～1500MHz宽带内接收局部放电所产生的局部放电特高频电磁脉冲信号。由于特高频信号在空间传播时衰减很快，故变压器箱体外部的特高频电磁干扰信号不仅频带比油中放电信号的窄，其强度也会随频率增加而迅速下降，进入变压器金属油箱内部的超高频分量相对较少，因而特高频检测技术可避开绝大多数的空气放电脉冲干扰。

通过电抗器底部的事故放油阀或人孔来安装特高频传感器，能够灵敏检测到局部放电所产生的特高频电磁信号，实现对局部放电缺陷的检测和定位，又能保证现场干扰环境下的信噪比和灵敏度。

（3）超声波在线监测原理。超声检测技术主要用于高压电气设备的局部放电检测和故障定位。当变压器或电抗器内部发生局部放电现象时，其瞬间释放的能量使分子间产生剧烈碰撞，并在宏观上形成一种压力产生超声波脉冲，此时局部放电源如同一个声源，向外发出超声波，在变压器油中超声波以球面波形式向周围传播，只要将磁吸附式超声传感器吸附在变压器油箱外壁，就可以接收到放电产生的超声波。超声波信号传播路径不同导致传感器在油箱外壁接收到的超声信号强弱也随之变化，通过这些强弱变化确定超声信号传到变压器外壁最强位置，再采用电声定位法便可确定放电源位置。

（4）局部放电多种在线监测方法数据融合及消干扰方法。局部放电在线监测中主要监测电信号和声信号，其主要方法是脉冲电流法和超声波法，将两种方法综合使用（简称电声综合监测法），能够消除干扰，实时确定被监测设备局部放电的当前幅值、放电幅值变化趋势、在线确定放电位置、监测放电位置位移趋势，并跟踪记录。

因干扰信号的存在，通过单一的电信号或声信号不能够准确地判断出被测设备是否存在局部放电，例如只检测到电信号而无声信号时，可能是因为存在空间干扰或外部放电；只检测到声信号而无电信号时，则可能是变压器振动引起的。所以，只有电信号和声信号同时监测到并且具有一定的时延，能够说明变压器内部存在局部放电。

在局部放电测量在线监测中，现场的干扰有多种类型，不同地点的干扰类型和强弱有所不同，所以抗干扰措施要有针对性，对不同的干扰情况采用不同的对策。下面介绍几种主要的抗干扰技术。

1）脉冲极性鉴别。在现场高频局部放电监测时，外部空间干扰可能会影响正常局部放电监测量。极性消干扰能够消除变电站空间干扰，其原理如图 2-7 所示。

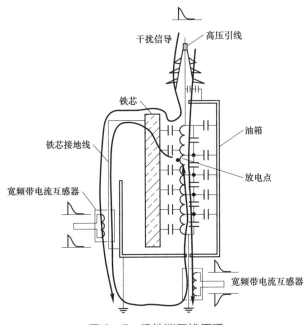

图 2-7　极性消干扰原理

由图 2-7 可见，变压器内部放电的传输回路可以由放电点经套管地屏、大地、铁芯接地到放电点构成回路。所以，外部干扰在套管接地线和铁芯接地线上产生的电流极性相同，而变压器内部放电在套管接地线和铁芯接地线上产生的电流极性相反。利用干扰和放电极性不同的原理，可以判断脉冲信号是内部放电还是空间干扰。

2）天线门控抗干扰。在现场试验中，各种无线电波以及其他设备产生的放电，都属于外部干扰，如果它们影响到监测，应该采取天线门控消干扰的措施。其消除干扰方法是当局部放电信号进入天线门控系统，高频局部放电检测仪器通过噪声传感器接收外部干扰信号作为触发信号，来控制监测通道接收变压器局部放电信号的开和断。当噪声传感器接收到空间干扰信号超过某个设定的阈值，测量通道断开，空间干扰信号无法进入测量系统。这样能够保证测量通道接收的信号为真正的局部放电信号。

3）数字滤波消干扰。软件数字滤波消干扰技术用快速傅里叶变换（fast Fourier transform，FFT）频谱分析技术，测定周期性干扰频率。通过设置低频、高频、阶次，运用有限脉冲响应（finite impulse response，FIR）数字滤波技术，对干扰背景信号有效滤除，保留有效的放电脉冲信号，其原理如图 2-8 所示。

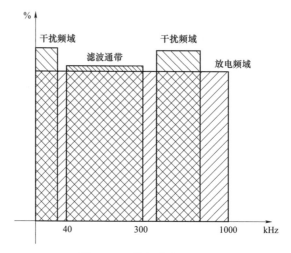

图 2-8　数字滤波原理图

4）频域消干扰。软件频域消干扰技术主要是针对固定频率的干扰信号，运用 FFT 频谱技术分析，得到干扰的固定频率。通过软件消除干扰频率的信号，系统在进行快速傅里叶逆变换（inverse fast Fourier transform，IFFT）反变换，恢复到原来的检测波形。滤波后的波形不包含干扰频率，其信号为局部放电信号有效信号，从而保证局部放电测量的准确性。

5）抗静态干扰。局部放电在线监测时，如有较强干扰，并且干扰波形的相位基本固定，则可采取静态抗干扰方式，消除固定相位的干扰。

6）抗动态干扰。局部放电在线监测时，如有较强的随机干扰，幅值比较大，并且相位不固定，无法用开窗方法去除干扰严重干扰局部放电测量，影响局部放电量值读数，可采用抗动态消干扰技术，消除大脉冲干扰。

（5）局部放电故障定位及诊断。当变压器发生局部放电后，通过高频传感器（或特高频传感器）和超声传感器接收到的放电波形来判断变压器局部放电的类型及其放电的位置。

1）局部放电故障定位。如果 HFCT（或 UHF）与超声传感器同时检测到放电波形，则可以判定有局部放电发生，记录两个波形的时间差 t_i，通过超声传感器的位置及其接收到局部放电信号所需的时间来判断变压器内部发生局部放电的位置。

由于电信号的传播速度为 $V_0 - 3 \times 10^8 \text{m/s}$，超声波传播速度为 $V_1 = 1400\text{m/s}$，所测点到放电点的距离为 $S_i = V_1 \times t_i$。以所测的各点为球心，算出的距离 S_i 画球，所画的球的交点即为发生局部放电的位置。

计算原理如下：

放电源距平面上不共线的 m 点（大于等于四点）组成的方程的解，即可求得放电源空间位置的坐标和超声波的等效声速。一般布置为三行三列的矩阵，在箱壁平面上布置超声探测器测量点，可以采用最小二乘算法，通过解非线性方程组，较精确地计算出局部放电故障源的位置和超声波的等效声速，测量的点越多，结果越精确。根据 m 个测量位置和测量时延，可建立发射传播距离和时延的球面方程：

$$F_i = (x - x_i)^2 + (y - y_i)^2 + (z - z_i)^2 - (v \cdot t_i)^2 = 0 \quad (i = 1, 2, \cdots, m; m \geq 4) \quad （2-13）$$

式中　x_i, y_i, z_i ——第 i 个探测器测量点的空间位置；

　　　　x, y, z ——放电源的空间位置；

　　　　t_i ——自放电源到第 i 个探测器测量点纵波传播时间；

　　　　v ——超声波等效声速。

此非线性超定方程组的解 (x, y, z, v) 即为放电源的位置坐标和超声波的等效声速。其几何意义是放电源位于以各探测器位置为球心，以 $v \cdot t_i$ 为半径的球面上。诸球面相交的焦点就是放电源的位置。

用最小二乘法求解式（2-13）方程组，其数学模型如下：

球面方程 F_i 具有 4 个实自变量 (x_i, y_i, z_i, t_i) 和 4 个待求参数 (x, y, z, v)，为了确定放电源位置 (x, y, z) 和等效声速 v，选择目标函数 $\varepsilon(x, y, z, v)$ 为 F_i 的残差平方和：

$$\varepsilon(x, y, z, v) = \sum_{i=1}^{m} (F_i)^2 \quad （2-14）$$

最小二乘拟合的目的在于确定参数 x, y, z, v；使目标函数 $\varepsilon(x, y, z, v)$ 达到最小。

局部放电定位波形图如图 2-9 所示，1 通道为 HFCT 所测到的波形，2、3、4 通道为两个超声传感器所测到的波形。

2）局部放电故障类型识别。把几种典型放电类型的时域和频谱特征集成到监测软件特征专家库，根据局部放电发生的波形的相位和图谱与特征库进行比较，以此来识别局部放电类型。

其放电类型能用以下特征向量来表示：

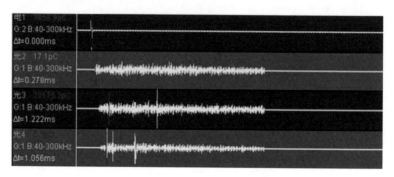

图 2-9　局部放电定位波形图

a. 偏斜度 S_k。偏斜度用于正态分布形状的偏斜程度，即

$$S_k = \sum_{i=1}^{W} (x_i - \mu)^3 \cdot p_i \Delta x / \sigma^3 \qquad (2-15)$$

$$p_i = y_i / \sum_{i=1}^{W} y_i \qquad (2-16)$$

式中　y_i——统计图的 y 轴坐标，它代表局部放电量。

$$\mu = \sum_{i=1}^{W} p_i \varphi_i \qquad (2-17)$$

$$\sigma = \sqrt{\sum_{i=1}^{W} p_i (\varphi_i - \mu)^2} \qquad (2-18)$$

S_k 反映了统计图正态分布的分布情况。$S_k = 0$ 说明统计图形状中心对称；$S_k > 0$ 说明统计图形状左偏；$S_k < 0$ 说明统计图形状右偏。S_k 取值示意图如图 2-10 所示。

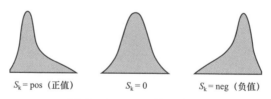

$S_k = \text{pos}$（正值）　　　$S_k = 0$　　　$S_k = \text{neg}$（负值）

图 2-10　S_k 取值示意图

b. 突出度 K_u。突出度 K_u 用于描述突出形状的分布对比及突起程度。其定义为

$$K_u = \left[\sum_{i=1}^{W} (x - \mu)^4 p_i \Delta x / \sigma^4 \right] - 3 \qquad (2-19)$$

正态分布的突出度 $K_u = 0$。如果 $K_u > 0$，则说明该统计图中心突出；如果 $K_u < 0$，则说明该统计图中心轮廓平坦。K_u 取值示意图如图 2-11 所示。

| $K_u = pos$（正值） | $K_u = 0$ | $K_u = neg$（负值） |

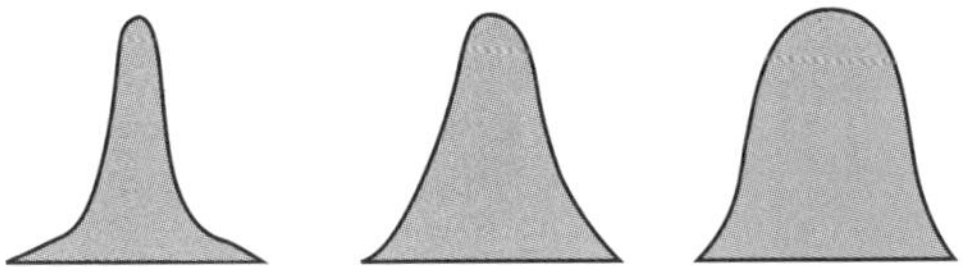

图 2-11 K_u 取值示意图

c. 相关系数 cc。相关系数 cc 反映了统计图 360°内形状相似度，其计算公式为

$$cc = \frac{\sum_{i=1}^{W} u_i^+ u_i^- - \left(\sum_{i=1}^{W} u_i^+ \sum_{i=1}^{W} u_i^-\right)/W}{\sqrt{\left[\sum_{i=1}^{W}(u_i^+)^2 - \left(\sum_{i=1}^{W} u_i^+\right)^2/W\right]\left[\sum_{i=1}^{W}(u_i^-)^2 - \left(\sum_{i=1}^{W} u_i^-\right)^2/W\right]}} \quad (2-20)$$

式中 u_i^+, u_i^-——相位 i 内的放电量。

其中，上标"+"对应 0°～180°，"-"对应 180°～360°。

相关系数 $cc \approx 1$，意味着 $U-\varphi$ 统计图 0°～180°和 180°～360°的轮廓十分相似；$cc \approx 0$，说明 $U-\varphi$ 统计图 0°～180°和 180°～360°的轮廓差异巨大。

d. 放电量因数 Q。放电量因数 Q 反映了 $U-\varphi$ 统计图 0°～360°放电量的差异，其定义是 0°～180°和 180°～360°放电量之比，即

$$Q = \frac{\sum_{i=1}^{W} n_i^- u_i^-}{\sum_{i=1}^{W} n_i^-} \Bigg/ \frac{\sum_{i=1}^{W} n_i^+ u_i^+}{\sum_{i-1}^{W} n_i^+} \quad (2-21)$$

式中 n_i^+, n_i^-——某个相位内的放电重复率。

其中，上标"+"和"-"对应于 $U-\varphi$ 统计图 0°～180°和 180°～360°。

通过以上特征向量能够准确识别局部放电故障类型。其特征向量数据见表 2-1。

表 2-1   放 电 类 型 特 征 数 据

放电类型	电压等级（kV）	S_k	K_u	cc	Q
尖端放电	4.0	-0.20	-1.23	-0.26	0.15
	6.0	-0.13	-1.38	-0.22	0.21
表面放电	4.0	-0.12	-0.61	0.61	3.21
	6.0	-0.03	-0.43	0.51	3.31
颗粒放电	4.0	-0.12	2.96	0.82	1.05
	6.0	0.02	-0.52	0.92	1.03

将几种典型放电类型的时域和频谱特征集成到监测软件特征库里，根据局部放电发生的波形的相位和图谱与特征库进行比较，以此来识别局部放电类型。局部放电波形的相位和图谱如图 2-12 所示。

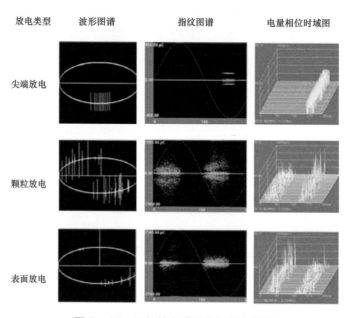

图 2-12　局部放电波形的相位和图谱

2.1.4　局部放电特高频传感器定量技术

特高频检测技术与 IEC 60270 中的传统方法相比，具有检测频率高、抗干扰性强和灵敏度高等优点，更适合运行状态下的变压器局部放电检测。

1. 变压器局部放电特高频检测技术

在电力变压器中每一次局部放电都发生正负电荷中和，并伴随着很陡的电流脉冲，并向周围辐射电磁波。由于变压器油—纸板结构的绝缘强度比较高，变压器中的局部放电能够辐射很高频率的电磁波，最高频率可达数吉赫（GHz），其脉冲宽度为纳秒（ns）级。UHF 检测技术通过接收变压器内部局部放电所激发的特高频电磁波，实现局部放电的检测及定位。可采用 300~3GHz 的特高频信号检测技术对所发生的局部放电信号进行监测，而电力系统中的电晕放电等主要电磁干扰信号的频率一般在 100MHz 以下，并且在空气中传播衰减很快，所以选择特高频段的电磁信号作为检测信号，可以避开常规电气测试方法难以避开的干扰信号，提高局部放电检测的信噪比和检测灵敏度。

在变压器内部安装特高频传感器主要有两种安装方式：

1）放油阀式安装；

2）法兰式安装。

特高频传感器具有较高的抗干扰能力及干扰信号区分能力；并且具有较高的信号检测灵敏度，适合在线监测。

2. 变压器局部放电特高频信号传输特性

以下介绍变压器局部放电特高频信号传输特性：以 110kV 电力变压器作为试品，在 110kV 变压器箱体高低压两侧安装 12 个单极特高频发射天线，其水平距离均匀分布，其垂直距离与在变压器侧面维修人孔上安装 UHF-300VEE1 特高频传感器平行。该试验变压器保留变压器箱体、绕组及主要元件。这样不仅可以屏蔽空间的干扰，更重要的是可以保留变压器内部重要部件，更加准确地分析特高频信号在变压器内部的传播特性。特高频发射天线与特高频传感器安装位置图如图 2-13 所示，红色标示 S1～S6 在变压器前面，蓝色标示 S7～S12 在变压器背面，特高频传感器在变压器侧面。

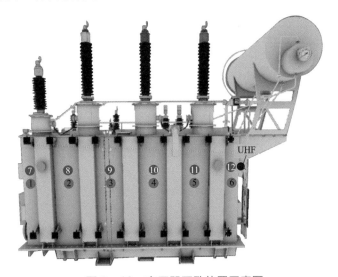

图 2-13　变压器开孔位置示意图

在 S1～S12 放置的单极性天线，单极性天线长度至少为 10cm，通过单极性天线发射幅值为 60V 脉冲信号，该脉冲信号上升沿时间小于 10ps，脉冲宽度小于 10ns，这样脉冲频率响应范围能达到 3GHz，变压器侧面的特高频传感器才能在高频段接收到测量值并分析。发射源分别安装在图 2-13 中 S1～S12 位置点，特高频传感器接收到的最大幅值波形图如图 2-14 所示。

从图 2-14 中可以看出，当发射源安装在 S12 位置时，特高频传感器接收到的电磁波信号最强。

以 S12 为参考点,可根据其余测试点与 S12 的空间距离及得到的测量值计算出特高频信号在变压器内部的衰减特性及传输特性,如图 2-15 所示。

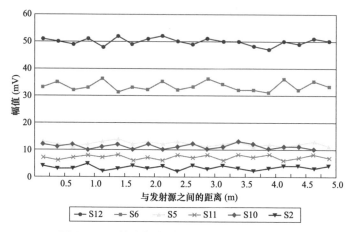

图 2-14 特高频传感器接收最大幅值波形图

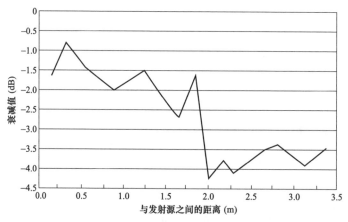

图 2-15 变压器内部特高频信号衰减及传输特性

从图 2-15 中可以看出,特高频信号在变压器内部的衰减特性是非线性的,发射源与特高频传感器距离增加,信号幅值不一定随之减小,这是变压器内部结构及电磁波传播特性所决定的。通过特高频传感接收到不同位置的放电源的数据,可以看出放电源在不同位置,特高频传感器接收到最小的放电量是不同的,随着放电源与特高频传感器的距离变化,变压器内部的特高频检测灵敏度差异较大。对不同测量点的比较可知:特高频信号在变压器内部距离超过 2m,特高频传感器能够接收到发射源微弱的电磁波信号。由于变压器结构不同,不同类型的变压器得到的试验值有可能不同,其衰减特性和传输特性也有所不同。

3. 变压器局部放电特高频检测的定量分析

（1）局部放电测量传统方法（IEC 60270）。传统方法（IEC 60270）原理，如图 2−16 红框内所示在停电离线下将耦合电容 C_k 与放电源并联，当局部放电故障源发生局部放电时，由测量阻抗 Z_m 来监测局部放电的放电值（pC）。

（2）局部放电特高频检测方法。对于特高频检测方法的灵敏度一般都是以视在放电量（pC）所描述的，在特高频法测量结果（mV）与局部放电量（pC）之间的联系，通过搭建特高频定量试验平台，保证 IEC 6027 中的传统方法与特高频检测方法能够同时检测局部放电信号，并且保证特高频传感器和测量阻抗同时接收到局部放电信号，试验平台接线图如图 2−16 所示。

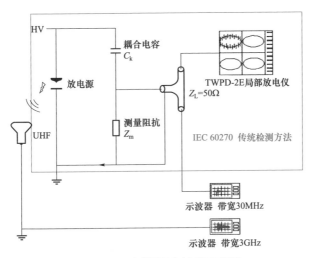

图 2−16　试验平台接线示意图

特高频定量试验平台中，系统经过方波校准后，用局部放电仪测量放电源视在放电量（pC），用带宽 30MHz 以上的示波器测量局部放电脉冲信号的电压值（mV），用带宽 3G 的示波器测量特高频传感器接收到的局部放电脉冲信号。放电源模型为尖对板放电。放电源在 10～100kV 电压范围内，视在放电量为 10～5000pC。其尖对板放电模型如图 2−17 所示。

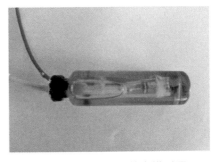

图 2−17　尖对板放电模型图

尖对板放电源在变压器箱体内移动，其移动轨迹如图 2−18 所示。特高频传感器距离 1A 有 50cm，位置点 1～4A 和 1～4D 的间隔距离相等。1A 与 4A 的距离 0.3m，1D 与 4D 的距离 0.3m，1A 与 1D 的距离 0.1m。

放电源产生 10～5000pC 的放电量，同时记录特高频传感器接收到的测量值，通过检测阻抗测量到的视在放电量（pC）和通过特高频传感器监测到局部放电脉冲信号（mV）进行比对，其视在放电量（pC）和特高频信号采集值的对应关系如图 2－19 所示。

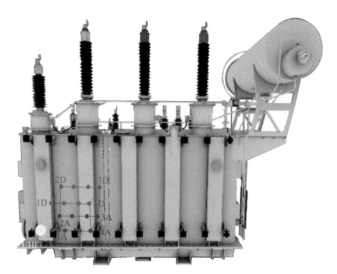

图 2－18 放电源轨迹示意图

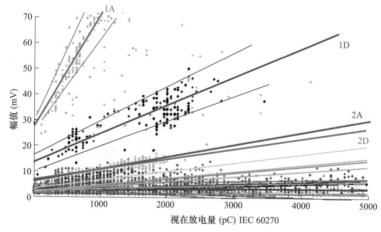

图 2－19 视在放电量（pC）与特高频传感器幅值对应关系示意图

图 2－19 中，放电源在不同的位置，得到的局部放电监测数据用不同的颜色来表示，通过这些数据统计点可以看出在同一位置点视在放电量（pC）与特高

频传感器幅值等效对应关系上下波动，以波动范围中心划线，从而得到视在放电量与特高频传感器幅值对应关系，其关系接近线性变化。即放电量数值上升，特高频传感器接收到的信号幅值也随之上升。同时也发现随着放电量减小，特高频传感器接收的信号信噪比也随之减小。

2.2　变压器油中溶解气体在线监测

国内外高压大容量电力变压器普遍采用充油式变压器，此类变压器发生内部故障时绝缘油中通常含有故障气体。因此，对于充油式变压器进行故障分析和寿命预测最行之有效的方法是对变压器绝缘油中溶解气体浓度进行检测。引起电力变压器发生故障的因素很多，除了自然界灾害、人为操作不当以外，还存在变压器绝缘老化、制造质量不良等因素。并且存在随着变压器容量越大、变电电压等级越高，变压器故障率越高的特征。

充油式电力变压器的内部主要绝缘材料有变压器绝缘油，纸和纸板等 A 级绝缘材料。变压器在长期运行、放电和过热的过程中，绝缘油和纸会裂解，产生 H_2、CO、CH_4、C_2H_4 以及 C_2H_2 等气体，并溶解到绝缘油中。这些气体在一定程度上反映了变压器的可靠性，通过对这些故障气体进行检测可以实现变压器故障诊断和寿命预测，因此变压器绝缘油中气体检测对变压器故障分析具有重要意义。

据有关单位实验数据，在 359 台故障变压器中，过热性故障为 226 台，占总故障台数 63%；高能量放电故障为 65 台，占总故障台数 18.1%；过热兼高能放电故障为 36 台，占总故障台数 10%，变压器内部热效应可以引发绝缘油分解，产生的特征气体为甲烷和乙烯，并且热效应越强，乙烯的浓度越高。根据《变压器油中溶解气体分析和判断导则》（DL/T 722）中的有关规定，变压器运行时电压高于 330kV 总烃浓度在 150μL/L 以上、乙炔浓度在 1μL/L、氢气浓度在 150μL/L 以上时应该引起注意；变压器运行在 220kV 及以下总烃在 150μL/L 以上、乙炔在 5μL/L、氢气在 150μL/L 以上时应该引起注意。DL/T 722 要求定期对充油电气设备油中溶解气体进行检测，避免发生故障。

大量实验室数据与实际变压器运行数据表明，变压器故障与变压器绝缘油中的气体相关，不同故障类型将会产生不同种类特征故障气体，变压器绝缘油中气体组分也能够体现变压器故障发生的部位与故障程度。由此可见，对于变压器绝缘油中气体的检测可以诊断变压器的故障，发现潜在的故障因素，也可以判断故障发生的严重程度，为建立和完善变压器维护及寿命预测机制提供依据。我国的电力行业主要采用的变压器故障诊断方法基本是实验室变压器绝缘油中气体色谱分析法。但是这种方法有它的缺点和不足，不便于在户外进行智能诊断和监测。随着激光技术和微弱信号处理技术的快速发展，具有气体检测精度高、检测速度快、可实时在线监测特点的光声光谱绝缘油中微量气体检测技术渐渐进入人们的视野。

2.2.1 油中气体产生的机理

充油式变压器内绝缘采用绝缘油和绝缘纸的复合绝缘结构，能够承受很高的电压。绝缘油由石油蒸馏、精炼而成，分子量为 270～310，每个分子的碳原子在19～23，其化学成分至少包含50%以上的烷烃（C_nH_{2n+2}），10%～40%左右的环烷烃（C_nH_{2n}）以及5%～15%的芳香不饱和烃（C_nH_{2n-6}）；绝缘纸主要成分为纤维素，纤维素是由许多葡萄糖基（$C_6H_{10}O_5$）连接起来的大分子。

通常变压器正常平稳运行时，绝缘油与绝缘纸分子状态稳定不会发生化学键断裂，绝缘材料正常劣化时会产生少量的 H_2、CH_4、C_2H_6 等气体。变压器内部存在故障或者潜在故障时，主要以过热、放电等故障特征表现出来。当变压器故障以热特征表现出来时，会使绝缘材料 C—H、C—C 化学键发生断裂，产生 CH_3、CH_2、CH、C 等自由基。当温度升高到 300～400℃时，绝缘材料生成饱和气态烃 CH_4。当温度升高到 500℃时，绝缘材料生成 C_2H_4 和 H_2 的浓度迅速增加并且比例增大。当温度进一步升高时，会伴随着放电故障与纤维素断键。油纸绝缘局部放电产生 H_2、CH_4、CO、C_2H_2、C_2H_6 和 CO_2 等气体，油中火花放电产生 H_2、C_2H_2 等气体，油中电弧产生 H_2、C_2H_2、CH_4、C_2H_4 和 C_2H_6 等气体，油和纸中电弧产生 H_2、C_2H_2、CO、CO_2、CH_4、C_2H_4 和 C_2H_6 等气体。

2.2.2 油中气体的检测方法

油浸式电力变压器采用液体油来实现绝缘和散热，油与固体绝缘材料在运行电压下因电、热、氧化和局部电弧等多种因素作用会逐渐变质，裂解成低分子气体并溶于油中，绝缘油中溶解气体监测是发现内部故障隐患的最有效、最成熟的方法。

现阶段变压器油中溶解分气体监测方法主要有三种：气相色谱法、电化学传感器法和光声光谱法。

（1）气相色谱法。电力部门定期、离线的变压器油气分析试验即由气相色谱仪实现。该法已成为使用最广泛和有效的气体分离、分析方法。该法运用于变压器油中气体在线监测装置时，须先解决好自动油中脱气、在线气体分离和检测等问题。该法在运行过程中需要标气、载气、色谱柱等耗材，人工维护量大。

气相色谱法原理：待分析样品在汽化室汽化后被惰性气体（即载气，也叫流动相）带入色谱柱，柱内含有液体或固体固定相，由于样品中各组分的沸点、极性或吸附性能不同，每种组分都倾向于在流动相和固定相之间形成分配或吸附平衡。但由于载气是流动的，这种平衡实际上很难建立起来。也正是由于载气的流动，使样品组分在运动中进行反复多次的分配或吸附解吸附，结果是在载气中浓度大的组分先流出色谱柱，而在固定相中分配浓度大的组分后流出。当组分流出色谱柱后，立即进入检测器。检测器能够将样品组分的与否转变为电信号，而电信号的大小与被测组分的量或浓度成正比。将这些信号放大并记录下来，就得到了气相色谱图。

（2）电化学传感器法。油中溶解气体在油气分离膜两侧分压的作用下自动渗透，透过膜后的气体分子直接在电化学传感器电极上转换为电信号。该法采用薄膜透气方法，其油气平衡时间较长；受传感器安装位置的限制，易出现死区，对变压器故障诊断的及时性不够。

电化学传感器法原理是在电化学池中所发生的电化学反应。电化学池由电解质溶液和浸入其中的两个电极组成，两电极用外电路接通。在两个电极上发生氧化还原反应，电子通过连接两电极的外电路从一个电极流到另一个电极。根据溶液的电化学性质（如电极电位、电流、电导、电量等）与被测物质的化学或物理性质（如电解质溶液的化学组成、浓度、氧化态与还原态的比率等）之间的关系，将被测定物质的浓度转化为一种电学参量加以测量。

（3）光声光谱法。该法基于气体的光声效应，通过检测气体分子吸收电磁辐射（如红外线）后所产生的压力波来检测气体浓度（该压力波温度与气体浓度呈一定比例关系）。该法测量的是样品吸收光能的大小，反射、散射光等对测量干扰很小，从而提高了对低体积分数气体的测量准确度。

光声光谱法原理：用一束强度可调制的单色光照射到密封于光声池中的样品上，样品吸收光能，并以释放热能的方式退激，释放的热能使样品和周围介质按光的调制频率产生周期性加热，从而导致介质产生周期性压力波动，这种压力波动可用灵敏的微音器或压电陶瓷传声器检测，并通过放大得到光声信号，这就是光声效应。

油中溶解气体监测方法对比见表 2-2。

表 2-2 油中溶解气体监测方法对比

检测技术	特点	经济性
气相色谱法	优点是技术相对成熟，灵敏度高。 缺点是需要更换载气，维护量较烦琐	价格低
电化学传感器法	优点是无需载气，体积小。 缺点是监测综合气体或是单氢，准确度差	价格低
光声光谱法	优点是无需分离气体，检测速度快，准确度较高。 缺点是对低浓度气体的检测灵敏度低，抗电磁干扰差	价格昂贵

油中溶解气体的检测采用专门的进油/回油管路。变压器油箱预留法兰接口，进出油管路与变压器预留的法兰对接，见图 2-20。

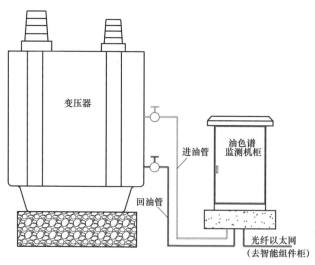

图 2-20 油气监测装置的安装

2.2.3 气相色谱法的关键技术

气相色谱法技术相对成熟且应用较为广泛，其关键技术如下：

（1）动态顶空脱气法。气相色谱法使用动态顶空脱气技术，动态顶空（吹扫－捕集）法是一种较为完善的脱气方法。油中各组分随载气经反复多次萃取，被收集到捕集器中进行浓缩，然后被迅速吹扫到色谱柱中进行色谱分析。该脱气法最大优点是脱气率高，平衡时间短，重现性好，与实验室的静态顶空脱气法具有可比性。

（2）高性能复合色谱分离柱。根据在线色谱分析的特点，要求分离度比较高、分析周期短等，该柱可同时高效分离绝缘油中溶解的氢气（H_2）、一氧化碳（CO）、二氧化碳（CO_2）、甲烷（CH_4）、乙烷（C_2H_6）、乙烯（C_2H_4）、乙炔（C_2H_2）等各种特性气体。

（3）传感器采用微桥式检测器。系统应用基于最新的微结构技术开发的高灵敏度固态微桥式检测器，采用双臂结构，传感元件集成在固态硅芯片上并线性分布，使传感元件尽可能地增加阻值，提高响应量；同时应用微结构池体，减小死体积，稳定流速，从而具有最佳的信噪比，可大大提高检测灵敏度，接近试验室气相色谱水平；而且响应范围宽，能够实现变压器油中七种组分（H_2、CO、CO_2、CH_4、C_2H_4、C_2H_6、C_2H_2）的全分析，其中乙炔（C_2H_2）最低检测灵敏度达到 $0.5\mu L/L$。

2.3 变压器振动在线监测

振动分析是一种相对简便易行的外部检测手段，可及时有效地判断变压器状态，预先发现早期潜伏性故障。在设备表面安装振动传感器，获取设备运行过程中的振动信号，应用信号处理技术，提取其时域或频域特征信息，构成表征设备运行状态的信息，进而采用一定的故障诊断方法评估设备的工作状态。振动传感器尺寸小、质量轻、安装方便、工作可靠且价格低廉，与设备没有直接电气连接，适合在线检测和户外临时性检测。电力系统利用振动分析对发电机和感应电动机等大型旋转设备进行故障诊断。

通过对 1990 年至 2014 年 110kV 以上电压等级电力变压器的统计分析，结果表明，变压器故障中绕组、铁芯的故障分别占总故障数的 37.5%、21.7%，两者占故障总和近 60%。电力变压器在运行过程中，硅钢片的磁致伸缩会引起铁芯振动，流过绕组的负载电流在磁场力的作用下也会产生振动。绕组及铁芯的振动通过变压器自身和油传递到油箱，从而引起油箱振动。因此，变压器油箱的表面振动与绕组及铁芯的压紧状况、位移及变形状态密切相关，可通过测量变压器油箱的表面振动来监测其绕组和铁芯的运行状况。

一般认为，变压器励磁电流在铁芯中产生的主磁通在空载、负载变化时大小基本保持不变，因此铁芯振动在空载、负载及负载变化时也基本不变。利用振动传感器，在空载及负载条件下分别测量变压器器身的振动信号，空载时测得的就是变压器铁芯振动信号，负载时是铁芯和绕组振动信号的叠加。从负载时的振动信号中分离出空载时的振动信号便可以得到绕组的振动信号。当变压器额定工作磁密比较高（大于 1.4T）时，铁芯的振动要远远大于绕组的振动，此时可忽略绕组的振动。

在变压器稳定工作时，可认为其器身振动是铁芯振动引起的，振动状态的改变也是由于铁芯故障引起的，以此可以诊断电力变压器铁芯的状况。在变压器发生短路故障时，绕组线圈中有很大的冲击电流流过，绕组的振动信号不再微弱，可认为其远大于铁芯振动。因此在短路状况下变压器器身振动主要是由绕组振动引起的，这样可以利用发生短路事故时的变压器器身振动信号，来监测绕组线圈是否发生了变形或松动。高、低压绕组之一在发生了变形、位移或崩塌后，绕组的压紧不够，使高、低压绕组间高度差逐渐扩大，导致绕组安匝不平衡加剧，使漏磁造成的轴向力增大，从而绕组的振动加剧。当铁芯压紧不够，硅钢片发生松动，或者硅钢片的自重将使铁芯产生弯曲变形时，硅钢片之间缝隙变大，硅钢片接缝处和叠片之间的漏磁变大，导致了电磁吸引力变大，于是铁芯的振动变大；另外当铁芯存在多点接地的故障时，硅钢片变热，也会引起磁致伸缩导致的铁芯振动变大。这些现象具体表现在振动信号上的特征为：振动频率中增加了更高次的谐波成分，且振动的幅值变大。值得注意的是，当铁芯的固有频率与磁致伸缩振动的频率相接近时，或者当油箱及其附件的固有频率与来自铁芯的振动频率相接近时，铁芯或油箱将会产生谐振。

运行中的电力变压器振动信号的特征向量可作为表征电力变压器工作状况的重要参数，变压器绕组及铁芯的压紧状况以及绕组的位移及变形将引起该参数的变化。因此，实时监测电力变压器振动信号，能够及时分析铁芯及绕组的工作状况，如果运行过程中，铁芯及绕组发生异常，可通过振动信号特征向量的变化快速检测。

电力变压器稳定运行时，器身振动主要由绕组和铁芯引起。通过绕组振动传递途径的分析，可看出变压器振动表现在两个方面：一是箱壁振动，通过刚性连接传递和绝缘油传递；二是绕组和铁芯引起的油压振荡。常见的大型变压器的风扇、油泵，其本身也会产生振动，但是其振动的频谱在 100Hz 以下，明显低于电磁激励力的工作频率。所以变压器箱壁和油压的振荡信号与变压器的内部结构变化有密切的关系。因此振动分析法可以作为变压器内部机械类故障诊断的途径。

2.3.1　振动的产生机理及传播途径

变压器振动主要是由本体（主要是铁芯和绕组）和冷却装置振动引起，在小于 100Hz 的范围内，主要是冷却装置引起的振动。稳定运行中的变压器铁芯和绕组振动的主要原因如下：

（1）硅钢片的磁致伸缩引起铁芯振动。所谓磁致伸缩在宏观上讲是指铁芯励磁时，沿磁力线方向硅钢片的尺寸要增加，垂直于磁力线方向硅钢片的尺寸要减小，这种尺寸的变化称为磁致伸缩。从微观上说，就是在铁芯磁化过程中，材料将从磁化强度方向各异的多磁畴状态变成与外磁场同方向的单磁畴状态。与此同时，介质立体晶状体结构和原子距发生变化。这种伸缩使得铁芯随着励磁频率的变化而周期性地振动。

（2）硅钢片接缝处和叠片之间存在着因漏磁而产生的电磁吸引力，从而引起铁芯振动。

（3）电流通过绕组时，在绕组间、线饼间、线匝间产生动态电磁力，引起绕组振动。

（4）漏磁引起油箱壁（包括磁屏蔽等）振动。随着变压器制造工艺不断提高及铁芯叠加方式的改进（如采用阶梯接缝等），再加上芯柱和铁轭均采用环氧玻璃粘带绑扎，硅钢片接缝处和叠片之间的电磁吸引力引起的铁芯振动，比硅钢片磁致伸缩的铁芯振动要小得多。

因此，变压器本体的振动主要来自磁致伸缩引起的铁芯振动和负载电流引起的绕组振动。变压器工作在 1.5～1.8T 的额定工作磁通时，变压器振动主要取决于铁芯的振动。变压器内部振动源主要有铁芯和绕组，他们各自的振动信号将以多种传播途径向变压器器身传递。通过监测电力变压器油箱振动的状况可反映变压器内部铁芯和绕组的状况，其中，变压器中绕组的振动主要是通过绝缘油传至油箱的。铁芯的磁致伸缩振动是通过两条路径传递给油箱的，一条是固体传递途径，铁芯的振动通过其垫脚传至油箱；另一条是液体传递途径，铁芯的振动通过绝缘油传至油箱。这两条途径传递的振动能量，使箱壁（包括磁屏蔽等）产生振动。风扇、油泵等冷却装置的振动通过固体传递的途径也会传

至变压器油箱。这样，变压器绕组、铁芯的振动以及冷却装置的振动通过各种途径传递到变压器器身表面，引起变压器器身振动。

1. 绕组振动分析

处于磁场中的载流导体将要承受机械力的作用。因此，当变压器绕组中通过电流时，由于电流与漏磁场的作用，在绕组内将要产生电磁机械力，其大小决定于漏磁场的磁通密度与导线电流的乘积，导线每单位长度所受力的计算公式为

$$f = Bli \qquad (2-22)$$

式中　B——磁通密度，T；

　　　l——导线长度，m；

　　　i——导线电流，A。

力的方向由左手定则决定。当变压器在正常负载下运行时，作用在导线上的力是很小的。但当发生突然短路时，由于短路电流为额定电流的25～30倍甚至更大，单位长度的电磁力 $f = B \times I$，而漏磁密度又和电流 I 成正比，所以短路时产生在绕组间的电磁力又和短路电流的平方成正比。因此短路时的机械力将大致为正常运行时力的几百倍甚至更大，况且，这个力产生得极为迅速，在这样短的时间内断路器是来不及切断电路的，从而在巨大的短路电磁力作用下，可能使变压器的绕组等许多部件损坏。

变压器绕组受到的力是由绕组里的电流与漏磁通对应的磁密相互作用形成的。由于漏磁场的分布较复杂，为了方便处理，常将漏磁场分解为轴向漏磁和横向漏磁。根据左手定则，纵向漏磁将产生辐向力 R，而横向漏磁将产生轴向力，下面以双绕组变压器为例对这两种力进行分析。

（1）横向力。由于高、低压绕组电流方向相反，突然短路时作用在两个绕组上的辐向力将两个绕组推开，从而使高压绕组受张力，低压绕组受压力。当内绕组受到的压紧力超过一定的限度时，绕组将发生严重的变形，由于内绕组具有多根撑杆支撑，故辐向力将使撑条间的导线承受弯曲应力，撑条越多弯曲应力越小，绕组变形也就越小。另外，在绕组辐向力作用时，圆形绕组具有较好的机械性能，这是由于它在辐向力作用下不易变形，而矩形绕组则易变形。因此，心式变压器的绕组一般都做成圆形的。

（2）轴向力。轴向力作用的方向为从绕组两端挤压绕组。由于绕组两端的横向漏磁密最大，所以靠近上下铁轭的部分线圈最容易遭受损坏，因此必须加强机械支撑。轴向力除了压向绕组的上下端压环和夹件外，还挤压绕组各线圈之间的绝缘垫块以及垫块相接触的线匝绝缘，故必须采取足够数量的垫块来承

受轴向力。对于有负载电流的变压器绕组来说，其原电流段 δ / V 处于磁感应强度为 B 的磁场中，其所受的电磁力为

$$dF = \delta dVB \qquad (2-23)$$

其中，磁感应强度 B 为所有元电流段产生：

$$B = \frac{\mu}{4\pi} \int \frac{\delta dV_0}{r^2} \qquad (2-24)$$

由以上可知，作用在变压器绕组上的电磁力与负载电流的平方呈线性关系。

2. 铁芯振动分析

铁芯振动是变压器本体振动的另一个主要因素，影响铁芯振动的主要有两方面的原因，一方面是硅钢片的磁致伸缩引起的铁芯振动；另一方面是硅钢片接缝处和叠片之间存在着因漏磁而产生的电磁吸引力，从而引起铁芯的振动。近年来由于铁芯叠积方式的改进，再加上铁芯柱和铁轭采用无纬环氧玻璃粘带绑扎，使硅钢片接缝处和叠片间的电磁力引起的铁芯振动很小。因此，可以认为铁芯振动主要取决于硅钢片的磁致伸缩。磁致伸缩的大小与外磁场的大小、材料的温度有关。对于正常运行的变压器，认为运行电压是稳定的，铁芯的温度变化也不是很大，因此在变压器相同的分接位置励磁电流在铁芯中产生的主磁通在空载、负载及负载变化时大小基本保持不变。由上述分析可以看出，此时磁致伸缩引起的铁芯振动也基本保持不变。硅钢片的磁致伸缩的大小与变压器的铁芯振动的强弱有直接的联系，主要与以下几个因素有关：

（1）与硅钢片的材质，即与硅钢片的含硅量有关。

（2）与磁感应强度有关。磁致伸缩与磁感应强度的平方成正比，磁感应强度越大磁致伸缩越大。

（3）与硅钢片表面的绝缘层厚度有关。硅钢片表面的绝缘层存在表面张力，因而可减小磁致伸缩。绝缘层越厚，其表面张力就越大，硅钢片的磁致伸缩就越小。

（4）与铁芯温度有关，磁致伸缩随硅钢片温度的升高而增大。分析变压器振动的起因以及影响铁芯磁致伸缩的因素，有以下几种情况可能的导致变压器铁芯的振动信号发生变化：

1）当紧固螺母发生松动或者绝缘垫块产生位移、变形和破损，铁芯轴向压紧变松，硅钢片发生松动时，硅钢片之间的电磁吸引力增大，引起铁芯振动加剧。

2）硅钢片的自重使铁芯发生弯曲变形，硅钢片之间接缝处和叠片之间的漏磁变大，导致了硅钢片之间的电磁吸引力变大，于是铁芯的振动变大。

3）当铁芯存在多点接地的故障时，硅钢片变热，会引起磁致伸缩导致铁芯振动变大。

4）当铁芯固有频率与磁致伸缩振动的频率接近时，会因铁芯共振导致变压器器身的振动骤增。为避免铁芯共振，在设计变压器时应使铁芯固有频率避开磁致伸缩引起的基频及二、三、四次谐振频率。

5）当铁芯组件存在缺陷、毛刺时，铁芯的振动加剧。当硅钢片振动破坏了其表面的绝缘涂层，硅钢片的表面张力减小，从而造成磁致伸缩引起的铁芯振动变大。

6）当绝缘层破坏严重，导致铁芯多点接地故障时，铁芯振动进一步增大。

由于铁芯的振动大小主要取决于磁致伸缩，因此当变压器空载运行时，在匝数为 N 的一次侧外施加交流电压 $u_1 = v_0 \sin \omega t$，在横截面积为 A 的铁芯上激励交变的主磁通 Φ。根据法拉第电磁感应定律，可求得铁芯中的磁感应强度为

$$B = \frac{\Phi}{A} = \frac{v_0}{N_1 A \omega} \cos \omega t = B_0 \cos \omega t \qquad (2-25)$$

其中，$B_0 = v_0 N_1 A \omega \leqslant B_S B_0$，$B_S$ 为饱和磁感应强度，铁芯中的磁场强度为

$$H = \frac{B}{\mu} = \frac{B}{B_S} H_C = \frac{B_0}{B_S} H_C \cos \omega t \qquad (2-26)$$

式中 μ——铁芯的磁导率；

H_C——矫顽力。

在磁场作用下，由硅钢片的微小变形量可知，对于已经叠压成形的变压器铁芯，因磁致伸缩引起的铁芯振动加速度信号基频成分与空载电压值的平方呈线性关系，且铁芯振动加速度信号的基频是空载电压基频的两倍。

2.3.2 基于支持向量机的小波变换变压器振动信号监测方法

1. 小波变换的振动信号特征提取

变压器在正常运行情况下，振动信号以 100Hz 为基频，其能量主要集中在低频段 100～800Hz 范围内，大于 1000Hz 的信号逐渐衰减至零。但是在实际中，变压器的振动信号畸变形状明显偏离正弦波，且包含有较多的谐波成分，很难检测到变压器振动信号的频率，用传统的傅里叶变换分析变压器振动信号比较困难。目前小波分析越来越广泛地应用于振动信号的分析和处理中，这是由于

小波变换不需要像傅里叶变换那样必须知道变压器振动信号的周期,而且它具有可变的时频窗口,可对时域和频域同时进行局部化分析。因此利用小波变换可对不同分辨率的振动信号进行分析,既可获得低频信号的概貌,又可获得高频信号的细节。

小波变换本质上是一种窗口大小固定不变,时频窗可以改变的时频局部化分析方法,在高频部分具有较高的时间分辨率和较低的频率分辨率,在低频部分具有较高的频率分辨率和较低的时间分辨率。变压器的振动信号频率成分十分丰富,而正是由于小波变换的结果是表征各个频段的时域信息,利用小波变换对变压器的振动信号进行多分辨率分析,并对各个频段能量进行量化处理,可提取出振动信号的频段—能量对应关系。因此,振动信号经过小波变换后得到不同频带的信号图,对每一个频带以能量为元素构造一个特征矢量 E。

2. SVM 理论

支持向量机(support vector machine,SVM)是一种统计学理论的机器学习方法,它主要解决两类或多类的分类问题,最初是从线性可分情况下的最优分类面提出的,如图 2-21 所示。它的优点是能够保证解的唯一性和全局最优性,可有效地解决传统方法中的过学习和局部最小等问题。

(1)最优分类面。图 2-21 给出了二维两类线性可分情况,图中,H 是最优的分类线,即把两类正确分开的分类线,H_1、H_2 分别是经过各类样本中离 H 最近的点且平行于 H 的线,H_1、H_2 之间的垂直距离叫作分类间隙或分类间隔。对于两类且线性可分情况,最优分类界面是不仅能将两类样本无错误分开,而且要使两类样本的分类间隔最大。

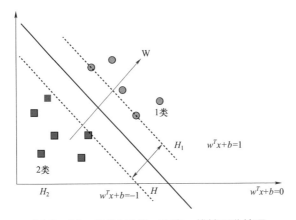

图 2-21　SVM 二维、两类、线性可分情况

设两类线性可分情况下的样本集为 $\{x_i, y_i\}$，$x_i \in R^d$、$y_i \in \{-1, +1\}$ 是类别标号，则 d 维空间中的线性判别函数表示方式为

$$w \cdot x + b = 0 \tag{2-27}$$

我们对式（2-27）进行归一化，使分类器对两类所有训练样本都分类正确：

$$\begin{cases} g(x_i) \geqslant 1 \text{ 对于 } y_i = +1 \\ g(x_i) \leqslant -1 \text{ 对于 } y_i = -1 \end{cases} \tag{2-28}$$

即

$$y_i \cdot g(x_i) \geqslant 1 \text{ 或 } y_i[w \cdot x_i + b] - 1 \geqslant 0 \tag{2-29}$$

这样分类间隔为 $\dfrac{2}{\|w\|}$。

根据以上讨论，寻求最优分类面 $w \cdot x + b = 0$，就是在式（2-29）约束下，使分类间隔 $\dfrac{2}{\|w\|}$ 最大，即求解式（2-28）所述的问题。

$$\begin{cases} \min \varphi(w) = \dfrac{1}{2} \|w\|^2 \\ \text{s.t } y_i[w \cdot x_i + b] - 1 \geqslant 0 (i = 1, \cdots, n) \end{cases} \tag{2-30}$$

拉格朗日极小值求取：w^*，b^*。

$$\min: L(w, b, a) = \frac{1}{2}(w \cdot w) - \sum_{i=1}^{n} \alpha_i \{y_i[w \cdot x_i + b] - 1\}, a_i \geqslant 0, (i = 1, \cdots, n) \tag{2-31}$$

$$L(w, b, \alpha) = \frac{1}{2}(w \cdot w) - \sum_{i=1}^{n} \alpha_i \{y_i[w \cdot x_i + b] - 1\} = \frac{1}{2}(w \cdot w) - \sum_{i=1}^{n} \alpha_i y_i w^T x_i$$

$$- b \sum_{i=1}^{n} \alpha_i y_i + \sum_{i=1}^{n} \alpha_i \tag{2-32}$$

$L(w, b, \alpha)$ 有极小值，则：

$$\begin{cases} \text{条件1}: \dfrac{\partial L(w, b, a)}{\partial w} = 0 \rightarrow w = \sum_{i=1}^{n} a_i y_i x_i \\ \text{条件2}: \dfrac{\partial L(w, b, a)}{\partial b} = 0 \rightarrow \sum_{i=1}^{n} a_i y_i = 0 \end{cases} \tag{2-33}$$

求得唯一解：$\alpha^* = (\alpha_1^*, \cdots, \alpha_n^*)^T$，从而由式（7）得到原始问题中最优分类超平面的法向量：

$$W^* = \sum_{i=1}^{n} \alpha_i^* y_i x_i \tag{2-34}$$

设位于 H_1、H_2 超平面上的所有训练样本组成集合 U，则有：

$$b^* = \frac{1}{U} \sum_{x_j \in U} (y_j - W^* \cdot x_j) \tag{2-35}$$

（2）广义最优分类面。在线性不可分时，即并不是所有样本都能满足式（2-28）所示的约束条件。这种情况下，可以在式（2-28）的基础上引入松弛项 $\xi_i \geqslant 0, i = 1, \cdots, n$，使其成为

$$y_i[\boldsymbol{w} \cdot \boldsymbol{x}_i + b] \geqslant 1 - \xi_i, i = 1, \cdots, n \tag{2-36}$$

在满足两个分类面 H_1，H_2 之间最大分类间隙的同时，使训练样本错分率尽可能小，这样约束问题就成为式（2-37）所示：

$$\begin{cases} \min \phi(w, \xi, b) = \dfrac{1}{2}(w \cdot w) + C\left(\displaystyle\sum_{i=1}^{n} \xi_i \right) \\ \text{s.t} \begin{cases} y_i[w \cdot x_i + b] \geqslant 1 - \xi_i \\ \xi_i \geqslant 0 \end{cases} (i = 1, \cdots, n) \end{cases} \tag{2-37}$$

其中，$C > 0$，为一个常数，用于控制当样本错分时的惩罚程度。类似地，构造拉格朗日函数，求取极小值：

$$L(w, b, a) = \frac{1}{2} \| w \|^2 + C\left(\sum_{i=1}^{n} \xi_i \right) - \sum_{i=1}^{n} \alpha_i \{ y_i[w \cdot x_i + b] - 1 + \xi_i \} - \sum_{i=1}^{n} \mu_i \xi_i \tag{2-38}$$

其中，$a = (\alpha_1, \cdots, \alpha_n)^T$ 及 $\mu = (\mu_1, \cdots, \mu_n)^T$ 为拉格朗日乘子向量，$\alpha_i \geqslant 0, \mu_i \geqslant 0 \ (i = 1, \cdots, n)$。若 $\alpha^* = (\alpha_1^*, \cdots, \alpha_n^*)^T$ 为式（2-38）解向量，则原始目标函数的解 $(w^*, b^*) w^*$ 为

$$w^* = \sum_{i=1}^{n} \alpha_i^* y_i x_i \tag{2-39}$$

同理可得 $b^* = \dfrac{1 - \xi_i}{y_i} - w^* \cdot x_i$。

由上述两种情况，均可得线性判别函数：

$$f(x) = \text{sgn}\left[(\boldsymbol{w}^* \cdot \boldsymbol{x}) + b^* \right] \text{sgn} \left\{ \sum_{i=1}^{n} a_i^* y_i (\boldsymbol{x}_i \cdot \boldsymbol{x}) + b^* \right\} \tag{2-40}$$

当 $f(x) > 0$ 时是正样本，$f(x) < 0$ 时是负样本。可见，要解决某特征空间中的最优线性分类问题，只需知道这个空间中的内积运算即可。

（3）基于支持向量机的小波变换算法过程。首先采集振动信号样本，其中样本信号包括正常状态下和异常状态下的数据，类别标号分别为 +1 和 -1，图 2-22 是训练步骤。算法过程如下。

1）分别对一台正常变压器和一台绕组松动的变压器进行振动信号采集，

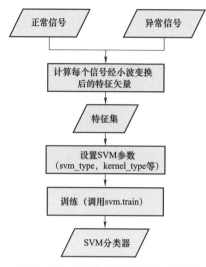

图 2-22 SVM 分类器训练流程图

经过小波变换得到特征矢量 $E = [a, b, c, d, e, f, g]$；

2）设置 SVM 参数，svm_type 设为 C_SVC，kernel_type 设为 RBF；

3）将正常情况下和异常情况下的振动信号一起送入 SVM 中进行训练，根据式（2-31）和式（2-32）或式（2-37）和式（2-38）求出 α^*，将其带入式（2-39）求出 w^*、b^*；

4）通过 SVM 分类器得出最优分类函数，将步骤3）中求得的 w^*、b^* 代入式（2-40）得到最优分类函数。

根据以上训练步骤，得出分类器的在特定频段的权重值。检测时将待检测信号提取特征矢量后，送入分类器如式（2-40）进行检测，判别该信号的类别标号。

同理，要鉴别多类故障时，还是解两类分类问题，即每次选两个类的样本分别为正类和负类进行训练，这样假如有 k 个类，则一共需要训练 $k \times (k-1)$ 个分类器，检测时将振动数据分别送入 $k \times (k-1)$ 个分类器，每个分类器进行投票，得票最多的类别就是该信号所属的故障类别。当然，这种算法只适用于类别数目比较小的情况下。

2.3.3 振动测试系统设计

1. 硬件平台设计

硬件平台组成如图 2-23 所示，为了达到设计要求，变压器振动信号监测系统应该具有振动信号采集、滤波、数据转换、数据计算、故障判断等功能。根据功能需求，该系统的硬件平台由压电式加速度振动传感器、信号调理器、通道保护板、PC104 数据采集卡、工控机等元件组成。以下为各器件的主要功能。

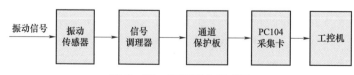

图 2-23 硬件平台组成图

（1）振动传感器用于采集变压器身的振动信号，并将振动信号转换为电信号。

（2）信号调理器配合振动传感器使用，用于过滤振动信号中的噪声。

（3）通道保护板用于保护 PC104 采集卡和工控机。变压器表面一般涂有绝缘漆，可提高变压器绝缘系统的抗电强度和绝缘电阻。但是由于各种原因导致的绝缘漆损坏会将变压器器身浪涌电流通过振动传感器传递到 PC104 采集卡和工控机，造成采集卡和工控机的损坏。通道保护板可以抑制浪涌电流，保护系统不被损坏。

（4）PC104 采集卡用于采集电信号，并转换为数字信号。

（5）工控机将电信号还原为振动信号，并使用小波算法提取振动信号特征，将不同频段的振动信号通过小波变换构成一个特征矢量，然后利用 SVM 算法求出各个频段能量对应的权重，作为变压器故障诊断的依据。

2. 软件设计

变压器振动信号监测系统软件功能主要由离线功能和在线功能两部分组成。其中，离线功能用于生成变压器各种工作状态下的故障判据集合。在线功能实时监测变压器运行时的振动信号，并提取振动特征矢量。通过对比该特征矢量与故障判据关系，确定变压器的工作状态。下面对变压器振动信号监测系统软件的离线功能和在线功能进行详细描述。

（1）离线功能。变压器振动信号监测系统软件离线功能如图 2－24 所示，变压器振动信号监测系统软件的离线功能是利用小波变换对变压器运行状态下的振动信号进行多分辨率分析，并对各个频段能量进行量化处理，提取出振动信号的频段－能量对应关系，对每一个频带以能量为元素构造一个特征矢量。然后利用 SVM 分类器，得出各频段最终权重。对不同状态下的变压器执行上述操作，得到变压器状态判据集合，作为在线功能的内部机械类故障判据。

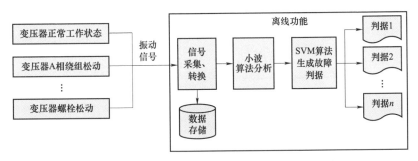

图 2－24　变压器振动信号监测系统软件离线功能

（2）在线功能。变压器振动信号监测系统软件的在线功能实时采集变压器振动信号，并将该信号存储到数据库中，如图2-25所示。由于变压器的机械故障是渐进变化的，所以可以不必对采集到的每一帧振动数据都进行处理。在线功能实现了信号采集和变压器故障诊断的分离，只有当采集的振动数据满足预先设置的触发条件时，系统才对该帧振动数据进行小波变换，通过这种方法可以解决小波变换计算复杂、实时性差的缺点。使用小波变换对振动数据进行处理，得到该组数据的特征矢量后，与故障判据进行对比，得到变压器绕组工作状态的诊断结果。

2.3.4 验证试验

为了验证变压器振动信号监测系统和基于支持向量机的小波变换算法的有效性，选取了一台试品变压器，分别对正常状态下和异常状态下的试品变压器在空载和负载情况下的振动信号进行采集和分析。其中，变压

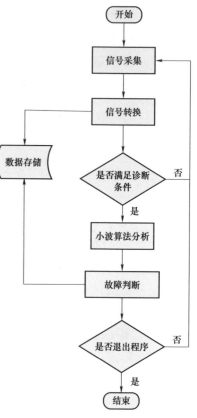

图2-25 变压器振动信号监测系统软件在线功能

器的异常状态是人为制造的绕组松动和铁芯松动。变压器空载接线图和变压器负载接线图如图2-26和图2-27所示。

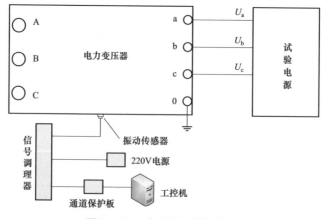

图2-26 变压器空载接线图

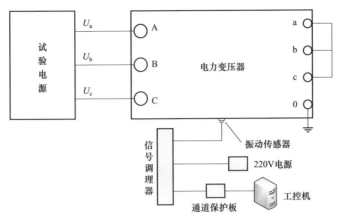

图 2-27　变压器负载接线图

试品变压器的参数如下：

额定容量：31.5MVA；

额定电压：110/38.5/10.5kV；

额定电流：高压（HV）为 165.3A，中压（MV）为 472.4A，低压（LV）为 1732.1A；

额定频率：50Hz。

图 2-26 和图 2-27 中，a、b、c 为试品变压器的低压侧，A、B、C 为试品变压器高压侧。试品变压器在正常状态下和异常状态下分别按照图 2-26 和图 2-27 接线，并进行试验验证。试验步骤如下：

（1）在试品变压器正常状态下，将振动传感器牢固地吸附在变压器表面。

（2）按照图 2-26 所示接线。

（3）启动信号调理器和变压器振动监测系统软件。

（4）变压器上电，按照如下步骤监测并采集变压器空载状态下的振动信号。

试验电源分别输入电压（以试品变压器额定电压为基准）：20%、40%、60%、80%、100%、110%，对不同空载电压下采集到的变压器振动信号进行录波。试验完成后，变压器断电。

（5）按照如图 2-27 接线。变压器上电，按照如下步骤监测并采集变压器负载状态下的振动信号。

试验电源分别输入电压（以试品变压器额定电压为基准）：20%、40%、60%、80%、100%，对不同负载电压下采集到的变压器振动信号进行录波。试验完成后，变压器断电。

（6）使试品变压器处于异常状态下（绕组松动、铁芯松动），重复进行上述试验，记录振动信号。

（7）将对采集到的部分振动数据进行小波变换，并使用 SVM 分类器对处理结果进行分析，生成故障判据。

（8）利用生成的故障判据对另一部分振动数据进行分析，验证系统的有效性。

2.3.5　试验数据分析

选择一组待检测的振动数据，分别经过小波变换提取特征向量，如图 2−28 所示，利用 db4 小波分别进行三层小波变换，每一层都有高频和低频。

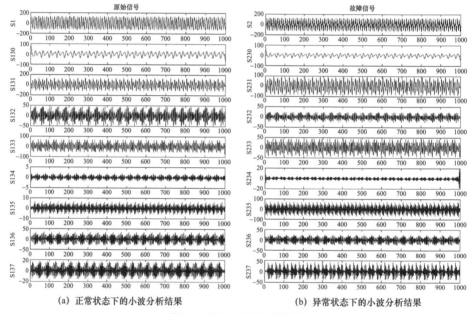

(a) 正常状态下的小波分析结果　　　　(b) 异常状态下的小波分析结果

图 2−28　小波分析结果

分析出振动信号在各个频段的分量后，依据各频段的能量分布绘出图 2−29 所示的图形，得到不同频段的能量所占的百分比作为该组数据的特征，例如图 2−29（a）和图 2−29（b）中数据得到的特征向量分别为

$$E_a = [9.86, 59.89, 8.09, 16.75, 0.02, 0.14, 4.20, 1.06]$$

$$E_b = [6.45, 40.78, 3.07, 10.61, 1.20, 26.98, 3.48, 7.42]$$

根据以上训练步骤，最终得出分类器的在频段为 100Hz 和 600Hz 时，w_i 分别为 3.0 和 1.8，其他频段 α_i 均为 0，因此 w_i 也为 0。检测时将待检测信号提取特征矢量后，送入分类器如式（2−40）进行检测，判别该信号的类别标号。

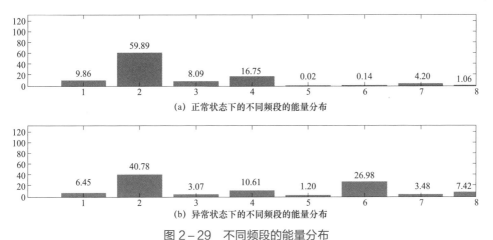

图 2-29　不同频段的能量分布

　　同理，分别对绕组松动、铁芯松动、正常状态下的数据，利用 SVM 训练出 3 个分类器，分别是正常信号对绕组松动（1 号分类器），绕组松动对铁芯松动（2 号分类器），正常信号对铁芯松动（3 号分类器）。将每一个特征向量送入已训练好的三个分类器。其中 1 号和 3 号分类器对 E_a 的投票结果都是正常信号，即有 2/3 的分类器将 E_a 判为正常信号；同样，1 号和 2 号分类器对 E_b 的投票结果为绕组松动信号，即有 2/3 的分类器将 E_b 判为绕组松动信号。因此，最终判别结果 E_a 是正常信号，E_b 是绕组松动信号。

2.4　变压器绕组热点温度监测

　　目前光纤传感器主要有四种：

　　（1）利用某些半导体对光的吸收受温度影响这一特性来实现温度测量，通常以半导体砷化镓（GaAs）作为温度敏感元件。

　　（2）利用某些特殊物质在紫外线的照射下会产生荧光，而产生的这种荧光的衰减速度跟温度变化关联。

　　（3）基于拉曼散射原理或布里渊散射原理的分布式光纤测温传感器。

　　（4）光纤布拉格光栅传感器。

　　前两种属于点式光纤温度传感器，后两种属于分布式光纤温度传感器。在油浸电力变压器中广泛采用的是点式光纤温度传感器。其中，点式光纤温度传感器，以及半导体砷化镓（GaAs）作为温度敏感元件的传感器技术成熟度较高，可实现在高压、强电磁环境下对电力系统线路及设备的温度测量。应用反射式传感结构，使其具有结构简单、容易使用、响应速度快的特点；实验测定传感

器在 $-20\sim110℃$ 的温度范围内有 $1℃$ 的精度，温度在 $15\sim110℃$ 范围变化时有 $25s$ 的响应时间。

2.4.1 砷化镓的光吸收与温度之间的关系

半导体中，当一个电子被光子激发时，发生基本吸收，引起两种基本类型的跃迁。在一种跃迁中，只涉及一个光子，被称为直接跃迁；在另一种跃迁中，在光子被吸收时有一个或多个声子被吸收或发射，称之为间接跃迁，在砷化镓晶体中，光吸收过程主要是由直接跃迁过程引起的。

在 $21\sim973K$ 范围内，式（2−41）成立：

$$E_g(T) = E_g(0) - \frac{\alpha T^2}{T + \theta} \qquad (2-41)$$

式中　　$E_g(0)$、α、θ ——晶体材料有关的常数；

　　　　T ——开尔文温度，K。

对砷化镓来说：$E_g(0) = 1.52eV$ ，$\alpha = 5.8 \times 10^{-4}, \theta = 300K$ 。

通过计算得到的 $E_g(T) - T$ ，以及 $\frac{\partial E_g(T)}{\partial T} - T$ ，关系曲线分别如图 2−30 和图 2−31 所示。

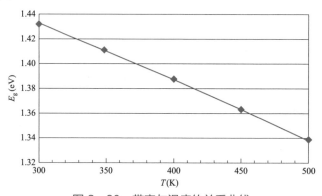

图 2−30　带宽与温度的关系曲线

在图 2−31 中所示温度范围内，有式（2−42）成立：

$$E_g(T) = E_g(T_0) - \phi \Delta T \qquad (2-42)$$

其中，$\Delta T = T - T_0, \Phi = 4.7 \times 10^{-4} eV/K, T_0$ 为 $21\sim973K$ 范围内任一温度。

对于直接跃迁类型的晶体吸收系数表示为：

$$\begin{cases} \alpha = B (hv - E_g)^{\frac{1}{2}}, hv \geqslant E_g \\ \alpha = 0, hv \leqslant E_g \end{cases} \qquad (2-43)$$

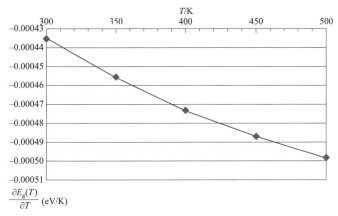

图 2-31　带宽变化率与温度的关系曲线

式中　v——光子频率，Hz；

　　　B——与晶体材料有关的常数。

对于砷化镓晶体，光子能量为 1.6eV，禁带宽度为 1.435eV 时，吸收系数约为 10^4/cm 由此算得：

$$B \approx 2.5 \times 10^3 \,/\,(\text{cm} \cdot \text{eV}) \qquad (2-44)$$

$$\alpha = B \frac{\Delta\lambda^{\frac{1}{2}}}{\lambda}(E_g)^{\frac{1}{2}} \qquad (2-45)$$

其中 $\Delta\lambda = \lambda_g - \lambda$，$\lambda_g = \dfrac{h_c}{E_g}$，$\lambda$ 为入射光波波长，以 $\lambda = 900\text{nm}$，$B = 2.5 \times 10^4$，以及 $E_g = 1.435\text{eV}$ 代入得：

$$\alpha \approx 1.0 \times 10^3 \Delta\lambda^{\frac{1}{2}} \qquad (2-46)$$

其中随着 $\Delta\lambda$ 增加，吸收系数上升，而且其变化趋向缓慢。透过率见式（2-47）：

$$T_P = (l-R)\text{e}^{-\alpha t} \qquad (2-47)$$

式中　R——晶体表面的反射率；

　　　α、l——晶体的光吸收系数和厚度。

将砷化镓晶体厚度 300μm 代入式（2-47）：

$$\begin{cases} T_P = (1-R)\exp\left[-30(\Delta\lambda)^{\frac{1}{2}}\right], \lambda_g \geqslant \lambda \\ T_P = (1-R), \lambda_g \leqslant \lambda \end{cases} \qquad (2-48)$$

2.4.2　砷化镓晶体传感器的温度检测特性

砷化镓晶体传感器的带宽和入射光波波长函数分别为式（2-49）和式（2-50）。

$$E_g(T) = E_g(T_0 - \Phi\Delta T) \qquad (2-49)$$

$$\lambda_g(T) = h_c / E_g(T_0 - \Phi\Delta T) \tag{2-50}$$

以 $T_0 = 21℃$，$E_g(T_0) = 1.435\text{eV}$，$\Phi = 4.7 \times 10^{-4}\text{eV}/℃$ 代入式（2-49）：

$\lambda_g(T) = \dfrac{1251}{1.4449 - 4.7 \times 10^{-4}T}$，其中 T 的单位为凯尔文（K）。

综上所述：

$$\begin{cases} T_p = (1-R)\exp\left[-30\left(\dfrac{1251}{1.4449 - 4.7 \times 10^{-4}T}\right)^{\frac{1}{2}}\right], \lambda_g \geqslant \lambda \\ T_p = (1-R), \lambda_g \leqslant \lambda \end{cases}$$

式中　λ_g——入射光波波长。

当 $\Delta\lambda = 0.02\text{mm}$ 时，入射光全部被吸收因此透过率与温度曲线应具有如下关系：

$$T_P(T) = \frac{\int_{\lambda_2}^{\lambda_1}\lambda d\lambda - \int_{\lambda_1}^{\lambda_g} P(\lambda)d\lambda}{\int_{\lambda_1}^{\lambda_2} P(\lambda)d\lambda} \tag{2-51}$$

$$\frac{\delta T_P(T)}{\delta T} = \frac{\delta T_P(T)}{\delta\lambda_g(T)} \times \frac{\delta\lambda_g(T)}{\delta T} = P[\lambda_g(T)]\frac{\delta\lambda_g(T)}{\delta T} \tag{2-52}$$

式中　$\lambda_1 \sim \lambda_2$——光源光谱范围；

　　　$P(\lambda)$——光源光谱功率分布函数；

　　　$\lambda_g(T)$——温度为 T 时的禁带宽度所对应的波长。

综上得 $\dfrac{\delta\lambda_g(T)}{\delta T} \approx 0.3\text{nm}/℃$。

T 在 20～300℃ 范围内：$\dfrac{\delta T_P(T)}{\delta T} = 0.3P[\lambda_g(T)]$。

入射光通过砷化镓晶体后透过率取决于温度 T 和光源光谱功率分布 $P(\lambda)$，$P(\lambda) = 1$ 时，均匀发光光源时，透过率与温度关系曲线为一条直线，根据信号电压能稳定测量晶体的温度。白光源的光谱功率分布比较均匀，其曲线如图2-32所示。

通过对砷化镓晶片对光吸收的温敏特性，可以稳定地测量物体温度，为非接触温度测量提供了一种有效的方法。

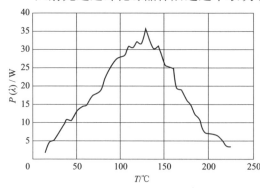

图2-32　温度与电压增量关系曲线

2.4.3　光纤温度传感器的材料选择及安装

光纤传感器的材料为高强度硅纤维，护套采用特氟龙材料，并且护套进行了螺旋斜切口工艺处理，有很好的透油性，保证变压器油能够顺利流进护套，避免油中气泡的产生，进一步保障了光纤测温传感器的绝缘性能。

在变压器进行结构设计和电磁设计的初始阶段，采用漏磁计算软件评估绕组热点温度的位置。通常集成 9 个光纤测温探头，在变压器高、中、低压每个绕组分别埋置 1 个光纤探头（共 9 个），然后经过在变压器油箱上的光纤贯通器法兰将信号引出。

光纤探头埋置位置见表 2-3。

表 2-3　　　　　　　　　　　光 纤 探 头 埋 置 位 置

埋置位置	数量
高压侧 A、B、C 三相绕组热点位置	每个绕组一支，共 3 支
中压侧 Am、Bm、Cm 三相绕组热点位置	每个绕组一支，共 3 支
低压侧 a、b、c 三相绕组热点位置	每个绕组一支，共 3 支

光纤测温传感器需要嵌入变压器绕组内部，绕组撑条绝缘垫块上开槽，光纤探头安放在槽中，内部光纤引出到变压器油箱箱壁上的光纤贯通器。

图 2-33 是光纤测温探头在变压器绝缘垫块中的安装过程，图 2-34 是带有光纤测温探头的绝缘垫块在变压器绕组上的安装，图 2-35 是安装完成后的绕组照片。

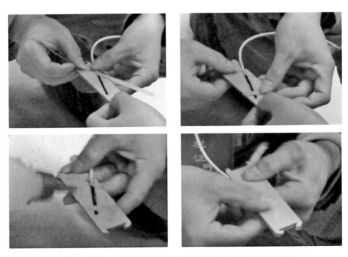

图 2-33　光纤测温探头在绝缘垫块中的安装

图 2-34　绝缘垫块在变压器绕组中的安装

图 2-35　安装完成的绕组照片

外部光纤从贯通器引到光纤绕组测温传感器，光纤的引出线法兰如图 2-36 所示。

图 2-36　光纤绕组测温传感器出线法兰

2.5　变压器冷却系统智能监控

2.5.1　传统的冷却控制

除了油浸自冷方式以外，其余几种冷却方式的油浸式电力变压器都需要对冷却装置进行控制，以保证变压器绕组的迅速散热和避免油面温度的大幅波动。传统的冷却装置其控制信号来源主要有三种：油面温度计、模拟式绕组温度计和电流继电器。

随着数字化和自动化水平的提高出现了依靠可编程逻辑控制器（programmable logic controller，PLC）实现冷却装置的自动控制。PLC 的出现使冷却装置的控制线路更简单、通用性更强、标准化程度更高、控制逻辑也相对比较复杂。同时对于电机的控制还可以采用变频调速技术，以达到节能的效果。

采用电磁继电器或 PLC 控制冷却装置，传统的冷却控制存在以下不足：

（1）控制策略简单，只是实现了冷却装置分组控制和故障报警；

（2）控制精度低，无法避免变压器油温度的大幅波动，容易造成过冷却；

（3）未实现控制网络化，无法与其他系统实现数据共享。

2.5.2 冷却装置智能控制

智能变压器的冷却装置需要实现智能控制，具备更高的可靠性，控制的灵活性，同时也要考虑变压器整体运行的经济性和寿命。通过多参量的综合，让冷却装置具备科学、高效、智能的控制策略，同时避免极端条件下变压器的异常运行。比如，在寒冷地区，当环境温度较低时，对于风冷却器或者采用油泵和风机的冷却装置，控制策略需要考虑仅启动几台油泵而不启动风机，因为这种情况下只需要开启油泵增加循环来降低绕组温度，均匀变压器内部温度场。

能够与变压器本体智能感知单元或站控层系统保持实时交互，并符合智能变电站《变电站通信网络和系统变电站通信网络和系统》（Communication Networks and Systems in Substations）（IEC 61850）的通信标准，满足"控制网络化、信息互动化"的智能感知要求。实时评估各冷却装置的冷却效率，对于冷却效率明显降低的设备进行替换并发出告警提示。可灵活地对冷却装置分组，风机和油泵可自由组合。

冷却装置档案管理。给每一组冷却装置建立设备档案，包括累计运行时间、当前运行状态、控制指令等信息。冷却装置智能控制和自动轮换。冷却装置控制 IED 统计所有冷却装置的累计运行时间，根据累计运行时间的长短自动定时排序。然后根据排序结果筛选累计运行时间最短的几组启动，替换当前正在运行的几组冷却装置，实现冷却装置自动轮换，均衡冷却装置运行时间。

拥有智能报警系统。报警范围覆盖传感器、风机、油泵、电源、IED 自身、柜体运行环境等。对于冷却装置的分组和控制条件参数可参照下列条件设定：

（1）当冷却风机的组数不大于 6 时，宜采用 2 级控制；当大于 6 时，宜采用 3 级控制。

（2）当冷却风机与油泵的组数不大于 6 时，宜采用 3 级控制；当大于 6 时，宜采用 4 级控制。

（3）当变压器装有光纤绕组温度监测 IED，其监测参数宜作为冷却装置的控制依据之一。

表 2–4～表 2–6 中的启动/停止值为推荐值。

表 2–4　　　　　　　　　顶层油温控制冷却装置的条件

冷却装置类型	风机 + 片散		风机 + 油泵 + 片散		风冷却器、水冷却器	
分级启动	1～2 级	1～3 级	1～3 级	1～4 级	1～3 级	1～4 级
启动值（℃）	55～70	55～65～70	55～60～65	55～60～65～70	[1]～[2]～55	[1]～[2]～55～65
停止值（℃）	45～60	45～55～60	45～50～55	45～50～55～65	[1]～[2]～45	[1]～[2]～45～55

表 2–5　　　　　　　绕组温度计和光纤测温控制冷却装置的条件

冷却装置类型	风机 + 片散		风机 + 油泵 + 片散		风冷却器、水冷却器	
分级启动	1～2 级	1～3 级	1～3 级	1～4 级	1～3 级	1～4 级
启动值（℃）	75～90	75～85～90	70～75～80	70～75～80～85	[1]～[2]～75	[1]～[2]～75～85
停止值（℃）	65～80	65～75～80	60～65～70	60～65～70～75	[1]～[2]～65	[1]～[2]～65～75

表 2–6　　　　　　负荷控制冷却装置的条件（I_N：变压器额定电流）

冷却装置类型	风机 + 片散		风机 + 油泵 + 片散		风冷却器、水冷却器	
分级启动	1～2 级	1～3 级	1～2 级	1～3 级	1～2 级	1～3 级
启动值（I_N）	0.8～0.9	0.8～0.85～0.9	0.7～0.8	0.7～0.8～0.9	[1]～0.7	[1]～0.7～0.8
停止值（I_N）	0.7～0.8	0.7～0.75～0.8	0.6～0.7	0.6～0.7～0.8	[1]～0.6	[1]～0.6～0.7

在变频运行状态下，冷却装置通过检测顶层油温，绕组温度和负荷信号来控制冷却装置的运行频率，使冷却风机速度可调，从而实现节能、降低噪声运行。

冷却控制策略是根据顶层油温、绕组温度、负荷电流来生成。其控制流程图如图 2–37 所示。

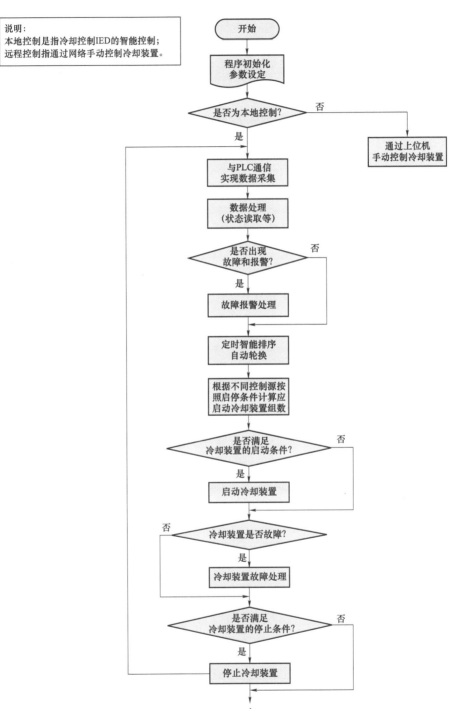

图 2-37　控制流程图

第3章 变压器智能感知组件及检测

智能感知变压器主要由变压器本体、传感器和智能组件三部分构成，传感器预植入变压器本体，智能组件放于智能控制柜中，智能控制柜就近布置在变压器本体的附近，智能组件通过电缆或光纤等与传感器或执行器相连接。采用变压器与传感器一体化融合设计可解决监测装置安装位置和数量受限制等问题。智能感知变压器组成如图3-1所示。

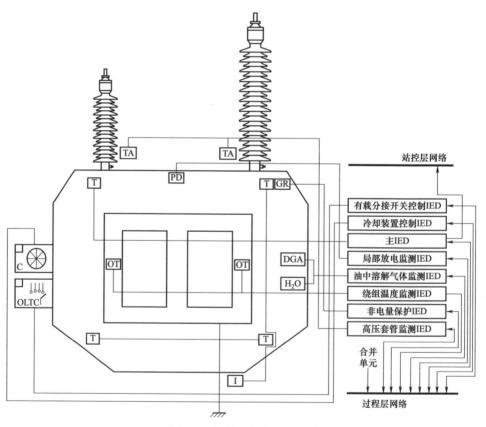

图3-1 智能感知变压器组成

3.1　智　能　感　知　组　件

3.1.1　传感器

　　智能感知变压器中的传感器是一种将特定状态信息转化为可采集电信息的器件或装置，为变压器智能组件提供信息支持，主要包括内置特高频局部放电、复合式宽频电流、光纤绕组测温和振动传感器。

　　1. 内置特高频局部放电传感器

　　（1）安装方式。考虑到传感器的最终使用现场，可分为两种情况：全新设计变压器和带电运行变压器，因此内置特高频局部放电传感器也分两种安装方式：放油阀式安装和法兰式安装。其中法兰式安装适用于全新设计的变压器，需要在变压器进行结构设计时考虑预留安装法兰；放油阀式安装适用于已经带电运行的变压器。两种特高频传感器外形如图 3－2 和图 3－3 所示。

图 3－2　特高频传感器（放油阀式安装）　　图 3－3　特高频传感器（法兰式安装）

　　（2）主要技术指标。特高频传感器经测试，性能完全满足设计要求，检测灵敏度高，抗干扰能力强，其幅频响应曲线如图 3－4 所示，参数见表 3－1。

表 3－1　　　　　　　　　　　内置特高频局部放电传感器参数

参数名称	数值
信号带宽	300～1500MHz
检测灵敏度	1pC
天线驻波比	<2
噪声系数	NF<3
阻抗匹配	50Ω
输出接口	SMA 接口
工作电压	DC8－24V
功耗	500 /60mA
防护等级	IP65

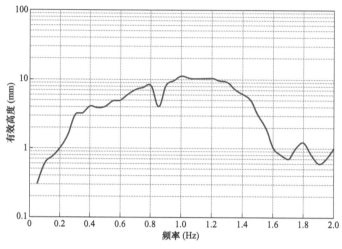

图 3-4　幅频响应曲线图

2. 复合式宽频电流传感器

（1）性能设计。复合式宽频电流传感器集成了工频铁芯接地电流传感器与变压器局部放电宽频带传感器的功能，可同时监测铁芯接地电流信号和局部放电脉冲信号。考虑到变电站内的强电磁干扰，传感器最终采用三重屏蔽设计，以保证具有极强的抗干扰能力。工频电流信号经处理后被转换成数字信号，然后通过 RS-485 总线上传，进一步加强了抗电磁干扰能力。复合式宽频电流传感器安装如图 3-5 所示，复合式宽频电流传感器如图 3-6 所示。

图 3-5　复合式宽频电流传感器安装

图 3-6　复合式宽频电流传感器

（2）安装方式。采用接地线闭口穿心方式，安装在变压器油箱外壁的适当位置，由专用固定架固定。

（3）主要技术指标。复合式宽频电流传感器参数见表 3-2。

表 3 - 2　　　　　　　　　复合式宽频电流传感器参数

参数名称	数值
灵敏度（工频电流）	0.1mA
测量范围（工频电流）	2mA～10A
全量程非线性误差（工频电流）	2～100mA：±2mA； 100mA～10A：2.5%
输出方式（工频电流）	RS - 485 信号
电源（工频电流）	24V DC，50mA
局部放电信号灵敏度	5pC
局部放电信号测量范围	5～10000pC
局部放电信号频带	100～30MHz
局部放电信号连接方式	BNC

　　复合式宽频电流传感器经测试，性能完全满足要求，检测灵敏度高，抗干扰能力强，其频响应曲线如图 3 - 7 所示。

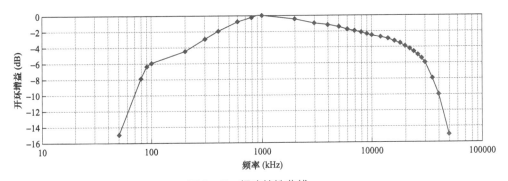

图 3 - 7　频响特性曲线

3. 光纤绕组测温传感器

（1）性能设计。目前主流的光纤绕组测温技术主要以半导体光纤温度传感器和荧光光纤温度传感器为首选。本书介绍采用半导体砷化镓（GaAs）光纤温度传感器技术，具有以下特点：

1）采用埋入型光纤探头，光纤探头体积小，易于植入；

2）长期工作稳定性良好，光纤探头使用寿命长，且免于维护；

3）信号可进行远距离传输且无衰减；

4）光纤探头要求测温稳定，重复测量状态下满足精度要求；

5）光纤探头要求具有良好的电绝缘性，具有耐高温、耐化学腐蚀能力；

6）具有耐高压、抗高无线电波、耐强磁场、抗高射频、抗强微波场能力；

7）具备良好的防爆性；

8）抗振动、冲击性能良好。

根据详细电磁计算结果，在变压器高、中、低压每个绕组分别埋置 1 个光纤探头（共 9 个），然后通过在变压器油箱上的光纤贯通器法兰将信号引出。光纤探头埋置位置见表 3-3。

表 3-3　　　　　　　　　　光 纤 探 头 埋 置 位 置

埋置位置	数量
高压侧 A、B、C 三相绕组热点位置	每个绕组一支，共 3 支
中压侧 Am、Bm、Cm 三相绕组热点位置	每个绕组一支，共 3 支
低压侧 a、b、c 三相绕组热点位置	每个绕组一支，共 3 支

（2）主要技术指标。光纤绕组测温传感器的主要技术指标如下。

图 3-8　光纤探头埋置方式

分辨率：0.1℃。

测温精度：±1℃。

测温范围：-40~300℃。

光源：光源使用寿命不低于 20 年。

接口：光纤接口采用标准 ST（straight tip）接口。

（3）安装方式。线圈垫块上开槽，光纤探头安放在槽中，见图 3-8。内部光纤在变压器器身上进行固定，然后引出到箱壁上光纤贯通器。内部光纤在器身上的走线见图 3-9。外部光纤从贯通器引到光纤绕组测温监测装置，光纤绕组测温监测装置安装在智能控制柜内。

图 3-9　内部光纤在器身上的固定

4. 振动传感器

（1）性能设计。电力变压器在稳定运行时，器身的振动主要是由绕组和铁芯引起的，配置 1 个振动传感器，在变压器油箱侧面靠近有载分接开关的位置，振动信号直接输入到智能感知诊断单元，由其完成分析处理。

（2）主要技术指标。振动传感器主要参数见表 3-4。

表 3-4　　　　　　　　　　　　振动传感器主要参数

参数名称	数值
灵敏度	500mV/g
重量	0～10g
振动频率测试范围	0.7～10kHz

（3）安装方式。振动传感器采用磁吸附的方式紧贴于变压器箱壁的预留安装板上，采用加速度传感器，可灵敏地检测到振动信号（见图 3-10），经智能组件分析处理后，根据其变化情况来判断变压器的绕组和铁芯是否发生异常。传感器实物如图 3-11 所示，安装示意图及现场安装照片如图 3-12 所示。

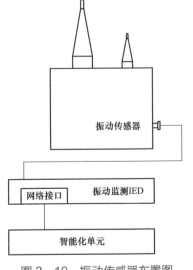

图 3-10　振动传感器布置图

图 3-11　振动传感器

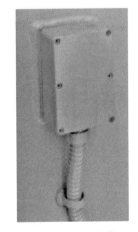

图 3-12　振动传感器
安装现场照片

3.1.2 监测装置

监测装置主要包括智能感知诊断单元、智能测控单元、局部放电监测装置、油气监测装置和光纤绕组测温监测装置。

1. 智能感知诊断单元

变压器智能感知诊断单元用于智能变电站内智能电力变压器运行状态的在线连续监测和综合评估诊断。通过与其他在线监测装置（局部放电、油中气体、温度负荷、铁芯接地电流等）和传感器通信，实时获取变压器的运行状态参数，结合内嵌的关键技术模型，完成对变压器运行状态的综合评估诊断。智能感知诊断单元主要检测信号见表 3-5。

表 3-5　　　　　　　　智能感知诊断单元主要检测信号

序号	信号	通信方式
1	接地电流信号	与复合式宽频电流传感器 RS-485 通信
2	油中气体和微水信号	与油色谱监测单元以太网通信
3	局部放电监测信号	与局部放电监测单元以太网通信
4	非电量信号	与非电量保护单元以太网通信
5	电压互感器、电流互感器信号	与合并单元以太网通信
6	光纤绕组温度信号	与光纤绕组测温单元以太网通信

图 3-13　智能感知诊断单元

智能感知诊断单元采用机箱结构，见图 3-13。

2. 智能感知测控单元

变压器智能感知测控单元实时采集油温、环境温度、油位、油压、有载开关挡位信号和状态以及冷却系统的工作状态等信号，优化冷却器投切策略，智能控制冷却器的投切。变压器智能感知测控单元实时与智能感知诊断单元通信，将变压器常规状态信号以及冷却系统和有载开关的状态信息上传至智能感知诊断单元，智能感知诊断单元完成变压器运行状态的综合评估诊断；同时经智能感知诊断单元获取站控层的控制指令。智能感知测控单元的主要检测信号见表 3-6。

表 3-6 智能感知测控单元主要检测信号

序号	信号	数量	信号类型	检测范围	不确定度
1	顶层油温	2	4~20mA	-40~150℃	±1℃
2	环境温度	1	TV100	-40~80℃	±1℃
3	智能控制柜内温度	1	TV100	-40~80℃	±1℃
4	底层油温	2	TV100	-40~150℃	±1℃
5	本体油位	1	4~20mA	—	—

图 3-14 智能感知测控单元

变压器智能感知测控单元采用机箱结构，见图 3-14。

3. 局部放电监测装置

采用内置特高频和外置脉冲电流复合监测方法同时进行变压器内部局部放电监测。主要技术参数见表 3-7。

表 3-7 局部放电监测装置主要技术参数

参数名称	数值
采样精度	12bit
测量范围	100~10000pC
测量通道	6 个通道。每个通道可接特高频或脉冲电流传感器

配置内置特高频传感器、复合式宽频电流传感器，主要检测信号见表 3-8。

表 3-8 局部放电监测装置主要检测信号

传感器类型	数量	安装位置	安装方式
内置特高频局部放电传感器	4	高、低压侧油箱壁	DN100 法兰
复合式宽频电流传感器	2	铁芯和夹件接地线上	接地线穿心

局部放电监测装置采用机箱结构，见图 3-15。

图 3-15 局部放电监测装置

检测装置通常安装 4 个内置特高频局部放电传感器，安装于变压器高低压侧油箱箱壁，高低压侧各 2 个，靠近变压器绕组端部位置。传感器外有防雨罩保护，可在户外长期稳定运行。其安装方式如图 3-16 所示。

通常安装 2 个复合式宽频电流传感器，用于监测铁芯、夹件接地线上的高频和工频信号。传感器可在户外长期稳定运行。其安装方式见图 3-17。

图 3-16 内置特高频局部放电传感器安装　　图 3-17 复合式宽频电流传感器安装

4. 油气监测装置

变压器油色谱在线监测装置相对较成熟，因此本书的油气监测采用色谱分析原理，实现对油中七种溶解气体（H_2、CO、CO_2、CH_4、C_2H_4、C_2H_2、C_2H_6）的检测，采用微水传感器实现对油中微水（H_2O）的检测。主要技术参数见表 3-9。

变压器油色谱在线监测与变压智能感知诊断单元的采用光缆通信，并支持 IEC 61850 协议。

油色谱监测装置如图 3-18 所示，主要技术参数见表 3-9。

表 3-9　　　　　　　　　油气监测装置主要技术参数

气体名称	最小可测量	测量范围
氢气（H_2）	10μL/L	0～2000μL/L
乙炔（C_2H_2）	0.5μL/L	0～100μL/L
乙烷（C_2H_6）	2μL/L	0～1000μL/L
乙烯（C_2H_4）	2μL/L	0～1000μL/L
甲烷（CH_4）	2μL/L	0～1000μL/L
一氧化碳（CO）	50μL/L	0～2000μL/L
二氧化碳（CO_2）	50μL/L	0～10000μL/L
水分（H_2O）	2% RH	2%～100%RH

5. 光纤绕组测温监测装置

光纤绕组测温监测装置可提供 2～16 可选通道数的光纤绕组温度的监测，本书以 9 个通道为例。光纤绕组测温监测装置如图 3-19 所示。

图 3-18　油色谱监测装置　　　　图 3-19　光纤绕组测温监测装置

光纤绕组测温监测装置采用 RS-485 方式与智能感知诊断单元通信。光纤绕组测温监测装置的主要技术参数见表 3-10。

表 3-10　　　　　　　　　光纤绕组测温监测装置主要参数

参数名称	数值
测量范围	-40～250℃
测量通道	9 个通道
精度	±1℃
分辨率	0.1℃
响应时间	0.3s
电源	DC24V，0.5A

 变压器智能感知技术

3.1.3 智能冷却控制箱

变压器智能冷却控制箱适用于 ONAF、OFAF、ODAF 等冷却方式的电力变压器。控制箱以顶层油温、绕组温度、负荷电流等参数为控制依据,采用智能控制算法,优化冷却装置投切策略,均衡冷却装置运行时间,提高冷却效率;可消除变压器绕组内部局部的过热现象,能够抑制由于油温大幅波动产生的"呼吸现象",进而延长变压器的绝缘寿命和提高运行可靠性。变压器智能冷却控制箱参数见表 3-11。

表 3-11 变压器智能冷却控制箱参数

参数名称	数值
动力电源	双路 AC380V
控制电源	DC110V 或 DC220V
适用的冷却装置数量	风机:最多 50 组; 油泵:最多 10 组; 风机和油泵:最多 50 组和最多 10 组; 冷却器:最多 10 台
防护等级	IP55

变压器智能冷却控制箱内有本地控制器,通过与智能感知单元通信实现执行冷却控制指令和上报冷却系统运行状态。正常状态下,以变压器智能感知单元的智能控制为主控方式,变压器智能冷却控制箱的本地控制为备用方式。一旦出现通信异常,变压器智能冷却控制箱能同步切换到本地控制模式。变压器智能冷却控制箱如图 3-20 所示。

3.1.4 智能控制柜

变压器户外用智能控制柜为智能组件各 IED、网络通信设备等提供针对雨水、尘土、酸雾、电磁骚扰等影响因素的防护及智能组件的电源、电气接口,并提供温湿度控制、照明等设施,保证智能组件的安全运行。智能控制柜结构主要技术特征如下:

(1)支持标准 19in(1in=2.54cm)机箱安装。

(2)户外无遮蔽场所使用时,采用双层隔热结构。

(3)整洁、美观,各焊口应无裂缝、烧穿、咬边、气孔、夹渣等缺陷。

图 3-20 变压器智能
冷却控制箱

（4）各紧固连接处牢固、可靠，所有紧固件均具有防腐蚀镀层或涂层，不拆卸的螺纹连接处有防松措施；可拆卸连接应连接可靠，拆卸方便，拆卸后不影响再装配的质量。

（5）结构各结合处及门的缝隙匀称，门的开启、关闭灵活自如，在规定的运动范围内不与其他零件碰撞或摩擦；锁紧可靠，门的开启角度不小于120°。

（6）户外直接安装的智能控制柜安装防雨帽等防雨设备，以防止雨水进入柜内。

（7）外壳材料可采用冷轧钢板或不锈钢板，具备抗腐蚀和电化学反应的能力。

（8）内安装的非金属材料附件应无脱层、空洞等缺陷。在经腐蚀性液体试验后无应力裂纹、涂层剥落、蜕皮和颜色改变，且应为自熄性材料。

（9）所有外露非金属制件应具有抗紫外线能力，经过模拟太阳辐射试验后，应无裂纹、针孔、破损等现象。

智能控制柜采用 19in 标准上架式机柜结构，采用双层材质，中间夹层为保温隔热材料。外层为不锈钢材质，可在户外长期使用。柜内安装智能感知单元、局部放电监测装置、光纤绕组测温监测装置、非电量保护 IED、合并单元等设备。

智能控制柜的主要技术参数见表 3-12，照片见图 3-21。

表 3-12　　　　　　　　智　能　控　制　柜　参　数

参数名称	数值
环境温度	-45～+45℃
相对湿度	5%～95%（无冷凝）
防护等级	IP54

图 3-21　智能控制柜

3.2 变压器本体及智能感知组件检测

3.2.1 本体性能检测

在进行智能感知变压器本体性能检测时，应尽可能还原现场布置，即所有传感器和智能组件应安装完毕，智能控制柜与变压器本体距离的实际距离，且采用单独电源和接地，试验前所有智能组件均处于正常运行状态。本体试验前提条件适用于除油箱机械强度试验和油箱密封试验外的所有变压器本体试验。

智能感知变压器本体性能检测项目和测试要求的制定，参考了常规变压器的出厂测试项目，需对变压器本体的基本参数、绝缘特性、局部放电特性、温升情况等做全面检测，但要注意在进行智能感知变压器本体性能检测时，由于连接了传感器和智能组件，部分测试项目与常规变压器出厂试验有所不同，需同时对智能组件的功能进行测试，包括光纤测温 IED 测得的温度值是否正确、趋势是否合理、局部放电监测 IED 是否工作正常等检测。

智能感知变压器本体性能检测包括型式试验、例行试验和特殊试验三类，具体如下。

1. 型式试验

智能感知变压器本体性能型式试验包括：油箱机械强度试验、温升试验。

（1）油箱机械强度试验。油箱机械强度试验包括真空强度和正压力机械强度试验。试验依据《油浸式电力变压器技术参数和要求》（GB/T 6451）和《电力变压器试验导则》（JB/T 501）的相关规定开展。

（2）温升试验。施加最小分接下的总损耗，温度稳定后测量顶层油温、冷却器进出口温度和环境温度，施加绕组额定电流下测量顶层油温、冷却器进出口温度、环境温度和绕组热态电阻。在试验过程中如有油中溶解气体监测 IED 和绕组光纤测温 IED，应同时记录各个阶段的测量值。

温升试验过程中，所有智能组件应处于正常运行状态，不应有任何损坏，测量数据和波形无异常。所有绕组光纤测温 IED 的测量值均不能超过绕组热点温度限值。同时检测冷却装置控制 IED 的工作状态，要求正常采集风扇和油泵电机电流、电压，并在试验完成后降温过程中检测其智能控制功能，且信息流正常。

2. 例行试验

智能感知变压器本体性能例行试验包括：油箱密封试验、绕组对地绝缘电阻测量、绕组电容和介质损耗因数（$\tan\delta$）测量、绕组电阻测量、电压比测量和联结组标号检定、工频耐压试验、空载电流和空载损耗测量、短路阻抗和负载损耗测量、有载分接开关试验、绝缘油试验、长时感应耐压试验、操作冲击试验、雷电冲击试验。

（1）油箱密封试验。油箱密封试验应在装配完毕的产品上进行，并保证与油色谱 IED 连通的阀门处于打开状态，试验方法包括吊罐油柱法或充气加压法。吊罐油柱法是利用垂直的吊罐油面压力给变压器油箱及组部件施加指定的静压力。充气加压法是利用向储油柜胶囊内或储油柜油面上充入一定压力的干燥气体来达到试验压力。

试验前传感器应全部安装，试验时检查所有传感器与变压器油箱的接口，应符合变压器整体密封性要求。在试验压力和试验持续时间内，油箱无渗漏和损伤。

（2）绕组对地绝缘电阻测量。使用绝缘电阻表测量绕组组合的绝缘电阻（R60）、吸收比（R60/R15）和极化指数（R600/R60）。当铁芯与夹件有单独引出端子至油箱外接地时，应测量铁芯与夹件对油箱的绝缘电阻（R60）。

电压为 35kV、容量为 4000kVA 和 66kV 及以上的变压器提供绝缘电阻（R60）和吸收比（R60/R15），电压等级为 330kV 及以上的变压器提供绝缘电阻（R60）、吸收比（R60/R15）和极化指数（R600/R60）。

（3）绕组电容和介质损耗因数（$\tan\delta$）测量。根据试品的电压等级施加相应电压，当试品额定电压为 10kV 及以上时，取 10kV。测量各个绕组组合的电容量和介质损耗因数。

当环境温度与 20℃不同时，需按 GB/T 6451 规定的换算方法以油温为参考进行折算。如有绕组光纤温度传感器，可记录光纤温度传感器的测量温度。

（4）绕组电阻测量。用直流电阻测试仪测量所有绕组及其所有分接的直流电阻，绕组为 Y 联结无中性点引出时，应测量其线电阻，如有中性点引出时，应测量相电阻；绕组为 D 联结时，首末端均引出的应测量其相电阻，封闭三角形的试品应测量其线电阻。

绕组电阻测量时，必须准确记录测试时绕组温度。如有绕组光纤温度传感器，可记录光纤温度传感器的测量温度。

（5）电压比测量和联结组标号检定。在各个绕组组合各分接上进行，三绕组变压器至少在包括第一对绕组在内的两对绕组上分别进行电压比测量。测量

变比的同时测量绕组联结组标号。电压比允许偏差应符合《电力变压器 第 1 部分：总则》（GB/T 1094.1—2013）中表 1 的规定。

（6）工频耐压试验。外施耐压试验应采用 50Hz 的频率，且波形尽可能接近于正弦波的单相交流电压进行。试验电压值应施加于被试绕组的所有连接在一起的端子与地之间，施加时间 60s。试验时，其余绕组的所有端子、铁芯、夹件、箱壳等连在一起接地。

整个外施耐压试验过程，所有传感器与智能组件不应有任何损坏，测量数据和波形无异常；同时记录高压套管 IED 测量值并检查非电量保护 IED 是否工作正常；变压器本体应符合相关标准要求。

（7）空载电流和空载损耗测量。从试品各绕组中的一侧绕组（一般为低压绕组）线端供给额定频率的额定电压（应尽可能为对称的正弦波电压），其余绕组开路，如果施加电压的绕组是带分接的，则应使分接开关处于主分接位置。

试验电压应以平均值电压表读数为准，空载损耗和空载电流的测量值应满足 GB/T 6451 和相关技术协议的规定。变压器空载试验条件下，所有智能组件应处于正常运行状态，不应有任何损坏，测量数据和波形无异常。如有铁芯接地电流监测 IED，记录铁芯接地电流值。

（8）短路阻抗和负载损耗测量。在试品的一个绕组的线端施加额定频率，且近似正弦的电流，另一个绕组短路，各相处于同一个分接位置。测量应在 50% 到 100% 额定电流下进行，同时需要准确记录试验时的绕组温度。

负载损耗和短路阻抗的测量值应满足 GB/T 6451 和相关技术协议的规定。如有绕组光纤温度传感器，需记录全部光纤传感器的测量温度。变压器负载试验条件下，所有智能组件应处于正常运行状态，不应有任何损坏，测量数据和波形无异常。

（9）有载分接开关试验。通过 IED 控制方式实现下述操作试验：变压器不励磁，完成 8 个操作循环；变压器不励磁，且操作电压降到其额定值 85% 时，完成一个操作循环；变压器在额定频率和额定电压下，空载励磁时，完成一个操作循环；变压器在负载试验时，完成 10 个分接变换操作。

辅助线路绝缘试验是对分接开关辅助线路进行工频耐压试验，施加电压 2kV（方均根值），持续时间 1min。

有载分接开关应承受以上顺序的操作试验，且不发生短路；辅助回路工频耐压试验通过。试验操作过程中，检查有载分接开关控制 IED 的工作状态，要求控制功能正常、监测参量的技术指标符合《智能高压设备技术导则》（Q/GDW 410）的要求，且信息流正常。

（10）绝缘油试验。绝缘油试验包括击穿电压测量、介质损耗因数测量、含水量、含气量、颗粒度测量和油中溶解气体气相色谱分析。

在以下试验过程中要求进行绝缘油试验：

1）试验开始前；

2）温升试验或长时过电流试验及空载运行前后；

3）高压试验全部完成后。

试验要求如下：

击穿电压测量、介质损耗因数测量、含水量、含气量、颗粒度的测量值应符合相关标准和技术协议的要求。

（11）长时感应耐压试验。试验方法如下：

按图 3-22 所示的试验电压顺序进行试验，并同时测量局部放电量。在测量过程中，记录试验数据，具体试验方法按照《电力变压器 第 3 部分：绝缘水平、绝缘试验和外绝缘空气间隙》（GB/T 1094.3）执行。

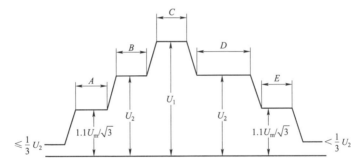

A=5min；B=5min；C=试验时间（按ACSD）；D≥60min（对于U_m≥300kV）或30min（对于U_m<300kV）；
E=5min；$U_1=1.7U_m/\sqrt{3}$；$U_2=1.5U_m/\sqrt{3}$

图 3-22 长时感应耐压试验电压

试验电压不产生突然下降，试验电压下局部放电量的连续水平不大于要求值，且不呈现持续增加的趋势。如采用局部放电监测 IED 单元，需记录在不同加压阶段的测量值以及变化趋势。

（12）操作冲击试验。试验时向试品施加波形为负极性操作冲击电压，以此考核试品的操作冲击绝缘水平。试验时变压器处于空载状态，操作冲击电压施加于线端，线圈尾部经示伤电阻接地，不使用的绕组一端接地。试验接线回路如图 3-23 所示。

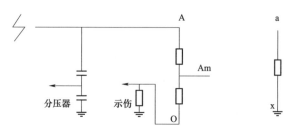

图 3−23　操作冲击试验接线回路

　　试验包括一次 50%～70%全试验电压下的冲击（校正冲击波）和三次连续的100%的全试验电压下的冲击。操作冲击试验过程中，所有传感器与智能组件不应有任何损坏，测量数据和波形无异常，若有侵入波监测 IED，检查其测量值和波形参数并进行校验。

　　（13）雷电冲击试验。试验时向试品施加波形为（1.2±30%)/（50±20%)μs（全波）负极性雷电冲击电压和（1.2±30%)/（2～6）μs（截波）负极性雷电冲击电压，以此考核试品的雷电冲击绝缘水平。试验接线示例如图 3−24 所示。

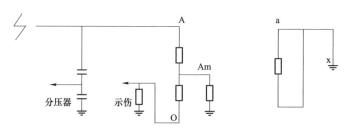

图 3−24　雷电冲击试验接线图

　　线端雷电冲击试验包括一次 50%～70%的全波、一次 100%的全波、一次50%～70%的截波、二次 100%的截波、二次 100%的全波。对于中性点端子不进行截波试验。雷电冲击试验过程中，所有传感器与智能组件不应有任何损坏，测量数据和波形无异常，试验期间注意检查局部放电监测 IED 是否工作正常，若有自保护功能的局部放电检测 IED，出现保护属正常。

　　3. 特殊试验

　　智能感知变压器本体性能特殊试验包括：短时感应耐压试验、空载电流谐波测量、长时间空载试验、三相变压器零序阻抗测量、声级测定、电晕及无线电干扰测量、变压器绕组频响特性测量、风扇和油泵电动机所吸取功率测量、短路承受能力试验。

　　（1）短时感应耐压试验。U_m＝72.5kV 且额定容量为 10000kVA 以上或 $U_m>$

72.5kV 的变压器按图 3-25 所示的试验电压顺序进行试验，并同时测量局部放电量。在测量过程中，记录试验数据。具体试验方法按照相关国家标准执行。

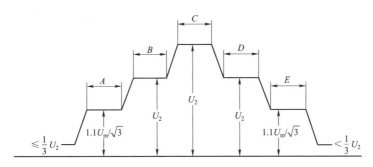

A=5min；B=5min；C=试验时间；D≥5min；E=5min；U_1=感应耐受试验电压值

图 3-25　短时感应耐压试验电压

试验电压不产生突然下降，试验电压下局部放电量的连续水平不大于要求值，且不呈现持续增加的趋势。如采用局部放电监测 IED 单元，需记录在不同加压阶段的测量值以及变化趋势。

（2）空载电流谐波测量。变压器应在空载状态下以额定频率的额定电压励磁，测量变压器各项空载电流的总谐波含量及各单次谐波含量。

空载电流谐波应在三个相上测量，其幅值表示为基波分量的百分数。变压器空载试验条件下，所有智能组件应处于正常运行状态，不应有任何损坏，测量数据和波形无异常。

（3）长时间空载试验。在绝缘强度试验后，应对变压器施加 $1.1U_m$ 试验电压并维持 12h，比较 12h 长时间空载前后 100% 和 110% 额定电压下空载损耗和空载电流测量值，应无明显变化。试验前、试验中和试验后取油样进行油色谱分析，结果应无异常。

变压器长时间空载试验条件下，所有智能组件应处于正常运行状态，不应有任何损坏，测量数据和波形无异常，如有绕组光纤测温，应同时记录光纤测温 IED 的温度测量值。试验过程中应记录油中溶解气体监测 IED 测量的结果。

（4）三相变压器零序阻抗测量。从三相线端对中性点供电，以电流为准，测量电压，零序阻抗通常以每相的欧姆数表示。零序阻抗应在额定频率下，在短路的三个线路端子与中性点端子间进行测量。

（5）声级测定。变压器在额定电压、额定频率、额定分接下空载运行，距变压器基准轮廓线 0.3m（关闭风扇）；变压器在额定电压、额定频率、额定分接下空载运行,距变压器基准轮廓线 2.0m(打开风扇);变压器施加短路试验电流,距变压器基准轮廓线 0.3m(关闭风扇);变压器施加短路试验电流,距变压器基准轮廓线 2.0m(打开风扇)。在以上 4 种条件下,在测量轮廓线上用声级计测量各个测量点的 A 计权声压级,并根据背景噪声和环境条件做修正,同时计算得出声功率级。

各个测量点间的距离不大于 1m,声级测量结果应满足技术条件和标准要求,智能控制柜产生的噪声不应影响变压器本体声级测量。

(6)电晕及无线电干扰测量。测量出线端子上的无线电干扰电压,并观察有无可见电晕。

变压器电晕及无线电干扰测量过程中,所有智能组件应处于正常运行状态,不应有任何损坏,测量数据和波形无异常。无线电干扰电压水平测量值应符合相关标准或技术协议允许值。

(7)变压器绕组频响特性测量。从线圈首端施加高频信号,从末端(中性点)接收响应信号并作记录。施加信号频率范围为 1~1000kHz。

(8)风扇和油泵电动机所吸取功率测量。测量被试品冷却(散热)装置风扇和油泵电动机在工作状态下所吸取的功率,同时对冷却装置控制 IED 功率监测结果进行校正。该试验可在温升试验中同时进行。

(9)短路承受能力试验。试验后所有智能组件应处于正常运行状态,不应有任何损坏,测量数据和波形无异常。建议该试验仅在 220kV 及其以下的变压器上开展,对于更高电压等级的变压器可通过设计校核形式进行检查。

3.2.2　智能感知组件检测

对变压器智能感知组件的电源适应性、绝缘性能、电磁兼容性能、环境耐受性能、机械耐受性能、测量误差等全方面性能进行检测,以保证智能组件在现场能够长期可靠安全运行。

(1)IED 电源适应性。智能组件各 IED 应采用直流电源,并应符合下列条件:

1)80%~110%额定电压下,智能组件各 IED 应能正常工作。

2)应能承受不大于 12%的交流纹波。

3)应能承受不小于 20ms 的电源中断。

(2)外观与结构。IED 外观与结构应满足下列要求:

1)各部件宜采用模块化设计,各插件应插拔灵活、接触可靠、互换性好。

2)机箱表面应有相应保护涂层或防腐设计,外表应光洁、均匀;不应有划痕或锈蚀。

3）机箱宜采用标准工业机柜设计，机箱、插件尺寸应遵循《电子设备机械结构 482.6mm（19in）系列机械结构尺寸》（GB/T 19520）系列标准的规定。

4）机箱应采取必要的防静电及防辐射电磁场骚扰的措施。

5）能承受《外壳防护等级（IP 代码）》（GB/T 4208）中规定的外壳防护等级 IP20 的要求。

（3）绝缘性能。

1）绝缘电阻。在正常试验大气条件下，智能组件整体及各 IED 的独立回路与外露的可导电部件之间、带电部分及机箱之间、电气上无联系的各回路之间，应有良好绝缘，绝缘电阻应符合表 3－13 的要求。

表 3－13　　　　　　　　正常试验大气条件绝缘电阻要求值

被试回路	绝缘电阻（电阻/绝缘电阻表电压）
电源正、负极 – 外壳地	100MΩ/500V
无电气联系的各回路之间（250>U_n>63V）	100MΩ/500V
无电气联系的各回路之间（U_n≤63V）	100MΩ/500V
电源线接地 – 外壳地	100MΩ/500V

在恒定湿热试验结束并恢复 1h 后，智能组件整体及各 IED 的被试回路应保持良好绝缘状态，绝缘电阻应符合表 3－14 的要求。

表 3－14　　　　　　　　恒定湿热试验后绝缘电阻要求值

被试回路	绝缘电阻（电阻/绝缘电阻表电压）
电源正、负极 – 外壳地	10MΩ/500V
无电气联系的各回路之间（250>U_n>63V）	10MΩ/500V
无电气联系的各回路之间（U_n≤63V）	10MΩ/250V
电源线接地 – 外壳地	10MΩ/500V

2）工频电压耐受性能。在正常试验大气条件下，智能组件整体及 IED 的被试回路应能耐受表 3－15 中的工频电压值并持续 1min，要求无绝缘击穿、闪络及元件损坏现象。

表 3 – 15 正常试验大气条件工频耐压要求值

被试回路	工频耐压（耐压值/时间）
电源正、负极 – 外壳地	2000V/1min
无电气联系的各回路之间（250>U_n>63V）	2000V/1min
无电气联系的各回路之间（U_n≤63V）	500V/1min
电源线接地 – 外壳地	—

3）雷电冲击耐受性能。在正常试验大气条件下，智能组件整体及各 IED 的独立回路应能耐受表 3 – 16 中的雷电冲击电压，要求无绝缘损坏和元件损坏现象。

表 3 – 16 正常试验大气条件雷电冲击耐压要求值

被试回路	雷电冲击（峰值 – 波形）
电源正、负极 – 外壳地	1.2/50μs～5000V
无电气联系的各回路之间（250>U_n>63V）	1.2/50μs～5000V
无电气联系的各回路之间（U_n≤63V）	1.2/50μs～1000V
电源线接地 – 外壳地	—

（4）电磁兼容性能。

1）静电放电抗干扰度：各 IED 应能承受《电磁兼容 试验和测量技术 静电放电抗扰度试验》（GB/T 17626.2—2018）中第 5 章规定的严酷等级为 4 级的静电放电抗干扰试验。试验期间 IED 处于工作状态，要求网络通信功能正常，不误（漏）收、误（漏）发信息，功能及性能符合 Q/GDW 410 的要求。

2）射频电磁场辐射抗干扰度：各 IED 应能承受《电磁兼容 试验和测量技术 射频电磁场辐射抗扰度试验》（GB/T 17626.3—2016）中第 5 章规定的严酷等级为 3 级的射频电磁场辐射抗干扰度试验，试验期间 IED 处于工作状态，要求网络通信功能正常，不误（漏）收、误（漏）发信息，功能及性能符合 Q/GDW 410 的要求。

3）电快速瞬变脉冲群抗干扰度：各 IED 应能承受《电磁兼容 试验和测量技术 电快速瞬变脉冲群抗扰度试验》（GB/T 17626.4—2018）中第 5 章规定的严酷等级为 4 级的电快速瞬变脉冲群抗干扰度试验，试验期间 IED 处于工作状态，要求网络通信功能正常，不误（漏）收、误（漏）发信息，功能及性能符合 Q/GDW

410 的要求。

4）浪涌（冲击）抗扰度：各 IED 应能承受《电磁兼容 试验和测量技术 浪涌（冲击）抗扰度试验》（GB/T 17626.5—2019）第 5 章规定的严酷等级为 4 级的浪涌（冲击）抗扰度试验，试验期间 IED 处于工作状态，要求网络通信功能正常，不误（漏）收、误（漏）发信息，功能及性能符合 Q/GDW 410 的要求。

5）射频场感应的传导骚扰度：各 IED 应能承受《电磁兼容 试验和测量技术 射频场感应的传导骚扰抗扰度》（GB/T 17626.6—2017）中第 5 章规定的严酷等级为 3 级的射频场感应的传导骚扰度试验，试验期间 IED 处于工作状态，要求网络通信功能正常，不误（漏）收、误（漏）发信息，功能及性能符合 Q/GDW 410 的要求。

6）工频磁场抗扰度：各 IED 应能承受《电磁兼容 试验和测量技术 工频磁场抗扰度试验》（GB/T 17626.8—2006）中第 5 章规定的严酷等级为 5 级的工频磁场抗扰度试验，试验期间 IED 处于工作状态，要求网络通信功能正常，不误（漏）收、误（漏）发信息，功能及性能符合 Q/GDW 410 的要求，其中测量不确定度可较 Q/GDW 410 的要求下降一个误差等级。

7）脉冲磁场抗扰度：各 IED 应能承受《电磁兼容 试验和测量技术 脉冲磁场抗扰度试验》（GB/T 17626.9—2011）中第 5 章规定的严酷等级为 5 级的脉冲磁场抗扰度试验，试验期间 IED 处于工作状态，要求网络通信功能正常，不误（漏）收、误（漏）发信息，功能及性能符合 Q/GDW 410 的要求，其中测量不确定度可较 Q/GDW 410 的要求下降一个误差等级。

8）阻尼振荡磁场抗扰度：各 IED 应能承受《电磁兼容 试验和测量技术 阻尼振荡磁场抗扰度试验》（GB/T 17626.10—2017）中第 5 章规定的严酷等级为 5 级的阻尼振荡磁场抗扰度试验，试验期间 IED 处于工作状态，要求网络通信功能正常，不误（漏）收、误（漏）发信息，功能及性能符合 Q/GDW 410 的要求。

9）辐射发射限值：各 IED 应按《信息技术设备、多媒体设备和接收机》（GB/T 9254）系列标准进行辐射发射限值试验。

为考核电磁兼容性能试验对 IED 测量误差的影响，宜在电磁兼容试验时考核测量误差，或在电磁兼容性能试验前后对有测量功能的 IED 各做一次测量基本误差试验。

（5）环境耐受性能。

1）低温：各 IED 应能承受《电工电子产品环境试验 第 2 部分：试验方法 试验 A：低温》（GB/T 2423.1—2008）规定的低温试验，试验温度为 −40℃，试验时间为 2h。试验期间 IED 处于工作状态，要求网络通信功能正常，不误（漏）

收、误（漏）发信息，功能及性能符合 Q/GDW 410 的要求。

2）高温：各 IED 应能承受《电工电子产品环境试验 第 2 部分：试验方法 试验 B：高温》（GB/T 2423.2—2008）规定的高温试验，试验温度为 70℃，试验时间为 2h。试验期间 IED 处于工作状态，要求网络通信功能正常，不误（漏）收、误（漏）发信息，功能及性能符合 Q/GDW 410 的要求。

3）恒定湿热：各 IED 应能承受《环境试验 第 2 部分：试验方法 试验 Cab：恒定湿热试验》（GB/T 2423.3—2016）规定的恒定湿热试验，试验温度为（40±2）℃、相对湿度（93±3）%，试验时间至少为 48h。试验期间 IED 处于工作状态，要求网络通信功能正常，不误（漏）收、误（漏）发信息，功能及性能符合 Q/GDW 410 的要求。恢复 1h 后测量绝缘电阻，结果应满足恒定湿热条件下绝缘电阻要求。

4）交变湿热：各 IED 应能承受《电工电子产品环境试验 第 2 部分：试验方法 试验 Db：交变湿热（12h＋12h 循环）》（GB/T 2423.4—2008）的规定，进行高温 55℃、循环次数为 2 次的交变湿热试验。试验期间 IED 处于工作状态，要求网络通信功能正常，不误（漏）收、误（漏）发信息，功能及性能符合 Q/GDW 410 的要求。

（6）机械耐受性能。

1）振动：智能组件各 IED 应能承受《电气继电器 第 21 部分：量度继电器和保护装置的振动、冲击、碰撞和地震试验 第 1 篇：振动试验（正弦）》（GB/T 11287—2000）中规定的严酷等级为Ⅰ级的振动耐久能力试验。试验后应无机械变形，无零部件脱落，无插件松动，通电能正常运行。

2）冲击：智能组件各 IED 应能承受《量度继电器和保护装置的冲击与碰撞试验》（GB/T 14537—1993）中规定的严酷等级为Ⅰ级的冲击耐久能力试验。试验后应无机械变形，无零部件脱落，无插件松动，通电能正常运行。

3）碰撞：智能组件各 IED 应能承受 GB/T 14537—1993 中规定的严酷等级为Ⅰ级的碰撞试验。试验后应无机械变形，无零部件脱落，无插件松动，通电能正常运行。

（7）连续通电试验。各 IED 应进行不小于 55℃、通电时间不小于 24h 连续通电试验，通电试验期间不发生死机和重启现象。

（8）测量基本误差。

1）测量 IED：测量 IED 采集下列全部或部分信息：主油箱油面油温，主油箱油位，有载分接开关油箱油位，主油箱底层油温，铁芯接地电流，系统电压、电流，变压器周围环境温度，主油箱油压，气体聚集量。各项测量项目的选用原则、测量范围、测量基本误差见表 3－17。

表 3－17　　　　　　　智能感知变压器测量 IED 测量项目及要求

被测参量	选用原则	测量范围/单位	测量基本误差
主油箱油面油温	应选	（0～200）℃	1℃
主油箱油位	可选	cm	1cm
有载分接开关油箱油位	可选	cm	1cm
主油箱底层油温	可选	（0～200）℃	1℃
铁芯接地电流	可选	10mA～10A	2.5mA（＜100mA） 2.5%（≥100mA）
系统电压、电流	条件	kV、A	正常时：1%； 故障时：互感器测量基本误差＋1%
变压器周围环境温度	应选	（－40～100）℃	1℃
主油箱油压	可选	MPa	2.5%
气体聚集量	可选	mL	15%

2）局部放电监测 IED：应能够检测放电量为 100～10000pC 的局部放电信号，测量值的变化应与放电强度的实际变化趋势相一致。

3）油中溶解气体监测 IED：油中溶解气体监测 IED 主要用以监测电力变压器本体的可靠性状态，也可用于辅助分析变压器的负载能力。应能够监测 H_2、C_2H_2 等关键气体含量及其增长趋势。

根据工程需要，可选择监测全部特征气体，包括 H_2、CH_4、C_2H_4、C_2H_2、C_2H_6、CO，扩展监测 CO_2、H_2O。油中溶解气体 IED 的测量范围、基本误差等技术要求见表 3－18。

表 3－18　　　　　　变压器油中溶解气体监测 IED 技术要求　　　　　　单位：μL/L

特征气体	最小可检量	测量范围	测量基本误差
H_2	10	0～2000	10（≤50）或 30%（＞50）
C_2H_2	0.5	0～100	1（≤5）或 30%（＞5）
CH_4	2	0～1000	5（≤25）或 30%（＞25）
C_2H_4	2	0～1000	5（≤25）或 30%（＞25）
C_2H_6	2	0～1000	5（≤25）或 30%（＞25）

续表

特征气体	最小可检量	测量范围	测量基本误差
CO（可选）	50	0～2000	50（≤250）或30%（>250）
CO_2（可选）	50	0～10000	50（≤250）或30%（>250）
H_2O（可选）	2% RH	0%～100%RH	5%（绝对值）

绕组温度监测 IED：光纤传感器的温度测量范围应能覆盖 0～200℃，测量基本误差应不大于 2℃。

高压套管监测 IED：高压套管监测 IED 主要用以监测高压套管的电容量和介质损耗因数。高压套管监测 IED 电容量的测量基本误差应不大于 1%，介质损耗因数的测量基本误差应不大于 0.002（相对于参考设备）。电流值误差要求（参考 410、在线监测标准），介质损耗和电流值测量范围要求。

（9）控制功能测试。

1）冷却装置控制 IED：冷却装置控制 IED 常规运行方式和变速运行方式下进行基本功能测试，详细试验项目见表 3-19 和表 3-20。

表 3-19　　　　　常规运行方式下冷却控制基本功能测试项目

序号	试验项目		检查结果
1	手动启/停各冷却装置功能检查		
	手动开启各冷却装置：将自动/手动转换开关置"手动"位置，冷却装置保护开关置"开"位置。检查手动操作各冷却装置是否能够正常启动		冷却装置正常开启，信号正常。错误率为 0
	手动关闭各冷却装置：将自动/手动转换开关置"手动"位置，冷却装置保护开关置"开"位置。检查手动操作各冷却装置是否能够正常停止		冷却装置正常停止，信号正常。错误率为 0
2	油温温度分级启动功能检查		
	冷却装置按油温分级启动，油温大于每一级启动值按控制策略启动相应的冷却装置，同时检查所有反馈信号		冷却装置正常运行，反馈信号正常。错误率为 0
	冷却装置按油温分级停止，当油温每一级达到停止值时，先投入的冷却装置将会停止。同时检查所有的反馈信号		冷却装置正常停止，反馈信号正常。错误率为 0
3	光纤测温和绕组温度分级启动功能检查		
	冷却装置按绕组温度分级启动，绕组温度大于每一级启动值按控制策略启动相应的冷却装置，同时检查所有反馈信号		冷却装置正常运行，反馈信号正常。错误率为 0
	冷却装置按绕组温度分级停止，当绕组温度每一级达到停止值时，先投入的冷却装置将会停止。同时检查所有的反馈信号		冷却装置正常停止，反馈信号正常。错误率为 0

续表

序号	试验项目	检查结果
4	负荷分级启动功能检查	
	冷却装置按负荷分级启动，负荷值大于每一级启动值按控制策略启动相应的冷却装置，同时检查所有反馈信号	冷却装置正常运行，反馈信号正常。错误率为 0
	冷却装置按负荷分级停止，负荷达到停止值时，先投入的冷却装置将会停止。同时检查所有的反馈信号	冷却装置正常停止，反馈信号正常。错误率为 0
5	冷却控制 IED 循环周期定值检查（宜在冷却控制 IED 型式试验时进行此项功能试验）	
	冷却装置根据冷却控制 IED 循环周期定值进行循环工作。 冷却装置处于自动方式时，冷却装置自动进入循环周期工作模式。如有备用冷却装置，备用冷却装置按可配置时间长度进行循环。 检查冷却装置的循环周期试验方法：模拟试验时，使用调试接口，将循环周期定值更改为 10min，进行循环周期模拟试验	冷却装置正常循环，反馈信号正常。错误率为 0
6	冷却装置故障启动功能检查	
	当运行的冷却装置发生故障时，无备用冷却装置时，有待运冷却装置时，切除故障冷却装置，待运冷却装置运行，故障冷却装置修复后作待运冷却装置。同时检查所有反馈信号	能够正确投切冷却装置。错误率为 0
	当运行的冷却装置发生故障时，无备用冷却装置时，无待运冷却装置时，切除故障冷却装置。同时检查所有的反馈信号	能够正确投切冷却装置。错误率为 0
	当运行冷却装置发生故障时，有备用冷却装置时，有待运冷却装置时，切除故障冷却装置，备用冷却装置运行，当备用冷却装置数量不足时，待运冷却装置相应投入。故障冷却装置故障修复后，作备用冷却装置；同时检查所有的反馈信号	能够正确投切冷却装置。错误率为 0
	当运行冷却装置发生故障时，有备用冷却装置时，有待运冷却装置时，切除故障冷却装置，备用冷却装置运行，如故障冷却装置数量多于备用冷却装置以及待运冷却装置数量总和时，发出信号。故障冷却装置故障修复后，作备用冷却装置。同时检查所有的反馈信号	能够正确投切冷却装置。错误率为 0

表 3-20　　　　　变速运行方式下冷却控制基本功能测试项目

序号	试验项目	检查结果
1	模拟 4~20mA 电流信号，冷却装置运行速度检查	
	给定 4mA 时：冷却装置保护开关置"开"位置。冷却装置运行，同时它也处于最低的冷却能力，并检查所有的反馈信号	冷却装置正常低速运行，信号正常。错误率为 0
	给定 20mA 时：冷却装置保护开关置"开"位置。冷却装置运行，同时它也处于最大的冷却能力，并检查所有的反馈信号	冷却装置正常高速运行，信号正常。错误率为 0
	给定 12mA 时：冷却装置保护开关置"开"位置。冷却装置应按正常中间值速度运行，同时检查所有的反馈信号	冷却装置正常中间值速度运行，信号正常。错误率为 0

续表

序号	试验项目	检查结果
2	冷却装置发生故障时,正常运行的冷却装置运行速度检查	
	当冷却装置发生故障时,正常冷却装置运行速度应该提高,同时检查所有的反馈信号	冷却装置正常较高速度运行,反馈信号正常。错误率为 0
3	冷却装置控制 IED 通过通信方式与变频装置连接时,冷却装置运行速度检查	
	通过通信给变频装置发速度最低信号:检查冷却装置的运行速度与预定是否一致,同时检查所有反馈信号	冷却装置正常运行,反馈信号正常。错误率为 0
	通过通信给变频装置发速度最高信号:检查冷却装置的运行速度与预定是否一致,同时检查所有反馈信号	冷却装置正常运行,反馈信号正常。错误率为 0

2)有载分接开关控制 IED:有载分接开关控制 IED 功能检测项目见表 3-21。

表 3-21 有载分接开关控制 IED 功能测试项目

序号	试验项目	检查结果
1	IED 控制面板按键功能试验	按键灵活,功能执行准确
2	IED 控制面板人机界面显示试验	
	挡位显示检查	完成一次在线分接开关(on-line tap changer,OLTC)完整周期的切换,OLTC 的每一个挡位与 IED 显示的挡位一致
	操作次数记录检查	IED 每执行一次 OLTC 的切换,自动累计操作次数,记录值应与 OLTC 自带的操作计数器值保持一致
3	控制面板指示灯指示检查	对指示灯对应功能进行逐项验证,控制面板指示灯指示必须准确
4	挡位信号 BCD 码输出检查	IED 挡位信号 BCD 码输出必须正确对应 OLTC 的每一个挡位
5	挡位信号 4~20mA 信号输出检查	IED 挡位信号 4~20mA 模拟量输出值必须正确对应 OLTC 的每一个挡位
6	级进操作检查	由 IED 发出一次操作指令,电动操动机构能带动 OLTC 自动完成一次挡位的完整切换
7	自动调压功能检查	
	自动调压性能检查	基于测量 IED 报送的系统电流、电压值,根据预设的调压参数,自动调整 OLTC,使系统电压恒定在一个电压挡
	过流闭锁功能检查	闭锁电流可在 50%~200%额定电流之间设定。当测量 IED 报送的(模拟)电流值超过设定的闭锁电流值时,OLTC 操作应闭锁

序号	试验项目	检查结果
7	欠压闭锁功能检查	欠压闭锁电压值可在 60%～100% 额定电压之间设定。当测量 IED 报送的（模拟）电压值低于设定的闭锁电压值时，OLTC 操作应闭锁
	过压闭锁功能检查	过压闭锁电压值可在 100%～140% 额定电压之间设定。当测量 IED 报送的（模拟）电压值超过设定的闭锁电压值时，OLTC 操作应闭锁
	油温闭锁功能检查	当油温低于设定值时，OLTC 操作应闭锁
8	主从模式并联试验	OLTC IED 可设定并联工作模式，通过主 IED 控制实现 2～6 台 OLTC IED 的并联同步操作，并联模式下各 OLTC 出现挡位未完全一致时，OLTC 操作应闭锁
9	通信接口检查	通信接口工作正常，各类信息传输正确

（10）地电位暂态升高试验。一个模拟变压器箱体（仅作为传感器的支架，简称模拟箱体），安放在一个对地绝缘的金属平板上，在模拟箱体上以尽可能按接近实际的情形安装好各传感器，要求信号电缆的质量和长度与工程实际一致。有油路联通的仅要求电气连接。供电电源的电位隔离等按变电站实际状态执行。试验时，智能组件、传感器、通信网络设备处于正常工作状态。

试验步骤如下：

1）智能控制柜置于试验室地面并接地，试验前先调试电压波形及幅值，方法是：断开模拟箱体与智能组件之间的所有电气连接，在对地绝缘的金属平板上施加陡波冲击电压，要求波头时间不大于 500ns，电压幅值为 330kV 及以下智能感知变压器为 10kV，电压幅值为 500kV 及以上智能感知变压器为 20kV。调试完毕后，保持陡冲击电压发生器状态不变，将智能组件与安装于模拟箱体的传感器等按实际情况连接，并处于通电状态，在对地绝缘的金属平板上施加陡冲击电压正、负极性各 5 次，各次间隔不小于 1min。要求智能组件及传感器等工作正常。

2）将智能组件与模拟箱体一并放到对地绝缘的金属平板上，其他要求同第一步。在对地绝缘的金属平板上施加陡冲击电压正、负极性各 5 次，各次间隔不小于 1min。要求所有 IED 及通信网络设备工作正常。

（11）通信网络试验。变压器智能感知组件应具备通信恢复能力，当物理故障消除后，各 IED 网络通信应能自动恢复正常，信息传送正确。在网络流量异常增加，大量突发报文冲击情况下，IED 不应死机，无异常动作。各 IED 应通过一致性测试。

（12）一致性测试。智能感知变压器信息模型一致性测试：检验 IED 的模型

变压器智能感知技术

配置 ICD 文件，与《电力企业自动化通信网络和系统 第 6 部分：与智能电子设备有关的变电站内通信配置描述语言》（DL/T 860.6）的变电站配置语言 SCL 的符合性。检验逻辑设备、逻辑节点、数据及数据属性的命名规则与《智能高压设备通信技术规范》（DL/T 1440—2015）的符合性。

MMS 报文检验：检验关联服务、数据读写服务、报告服务、控制服务、取代服务、定值服务、日志服务。

GOOSE 报文检验：检验 GOOSE 的配置、发布、订阅功能，检验 GOOSE 的报警功能。

SV 报文检验：检验采样值的配置、输出、输入功能，检验采样值的报警功能。

（13）互操作试验。与相关的智能 IED 组成智能组件，检验其与《电力自动化通信网络和系统 第 10 部分：一致性测试》（DL/T 860.10）的符合性，检验模型的符合性、MMS、GOOSE、SV 的功能。

3.2.3 智能控制柜检测

考虑变压器智能控制柜就地布置情况下的运行环境，需对其温度和湿度调节性能测试、电磁屏蔽性能测试、外壳防护等级性能测试等进行测试。此外，还需综合考虑智能控制柜的安全、美观、标准化、使用方便等因素，对其结构、接地、进线、防火防护等进行检测。

结合智能控制柜现场运行工况及相关影响因素，确定智能控制柜性能检测试验项目为：① 常规检查；② 温度和湿度调节性能测试；③ 电磁屏蔽性能测试；④ 外壳防护等级测试。各部分的实施方案及要求如下。

1. 常规检查

此部分采用目测观察及简易测量的方法对智能控制柜进行检测，各部分测试要求如下：

（1）智能控制柜结构。智能控制柜的柜体结构应遵循以下原则：

1）户外无遮蔽场所使用时，采用双层隔热结构。

2）外壁宜采用标称厚度不小于 2.0mm 的板材。

3）设有便于运输的起吊设施。

4）整洁、美观，各焊口应无裂缝、烧穿、咬边、气孔、夹渣等缺陷。

5）各紧固连接处牢固、可靠，所有紧固件均具有防腐蚀镀层或涂层，不拆卸的螺纹连接处有防松措施；可拆卸连接可靠，拆卸方便，拆卸后不影响再装配的质量。

6）结构各结合处及门的缝隙匀称，门的开启、关闭灵活自如，在规定的运动范围内不与其他零件碰撞或摩擦。锁紧可靠，门的开启角度宜不小于 120°。

7）对于户内配置的柜体，如果内部 IED 有液晶显示屏，则门上要设置观察窗（有防爆要求的除外）。

8）提供可靠的锁具、铰链及外壳防护。

9）双门柜体宜采用对开门方式，其他柜体的门轴宜在右侧（面向柜门）。

10）符合柜体尺寸及公差要求。除与高压设备底座相连的柜体或者需方另有要求的情形外，柜体尺寸宜符合表 3-22 的要求，宽、深和高的意义及公差要求见图 3-26。

表 3-22　　　　　　　　　　智能控制柜柜体推荐尺寸

电压等级/kV	使用对象			推荐尺寸/mm		
	配电装置型式		适用间隔	宽（W）	深（D）	高（H）
110/66	户内	GIS	所有间隔	800	800	2200
	户外	GIS	所有间隔	1000 或 1200	900	2000
		AIS	所有间隔	1000	900	2200
220（含 330 双母线接线型式）	户内	GIS	GIS	1600	800	2000
	户外	GIS	线路、主变压器、母联间隔	1600	900	2000
			母线设备间隔	1000	900	2000
		AIS	所有间隔	1000	900	2000
330/500/750（3/2 接线）	户外	GIS	断路器间隔	2400	900	2000
			母线设备间隔	1000	900	2000
		AIS	断路器间隔	1600	900	2000
			母线设备间隔	1000	900	2000
110	户内	—	主变压器本体	800	800	1600
	户外	—		800	900	1600
220	户内	—	主变压器本体	800	800	1800
	户外	—		800	900	1800
330 及以上	户外	三相共体	主变压器本体	800	900	1800
		三相分体		1600	900	1800

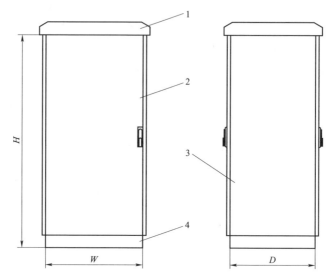

图 3-26 外形尺寸图及公差要求

1—雨帽或屏楣；2—外挂柜门；3—外挂的侧板；4—底座；H—户外柜高度尺寸（不包括雨帽或屏楣的尺寸），
允许公差±3mm；W—户外柜宽度尺寸（不包括外挂的侧板或侧门的厚度），允许公差±2mm；
D—户外柜深度尺寸（不包括外挂式门的厚度），允许公差±2mm

（2）接地。智能控制柜的接地应符合以下要求：

1）柜体和门均有专用接地点，以保证可靠接地。

2）柜内宜配置截面不小于 $100mm^2$ 的接地铜排，并使用截面不小于 $100mm^2$ 的铜缆和接地网连接。柜内各 IED 外壳接地应使用截面不小于 $4mm^2$ 的多股铜线、工作接地采用 $2.5mm^2$ 的多股铜线和柜内接地铜排连接。

3）柜内工作地与保护地应分开设置并绝缘。

（3）电缆进线及固定。柜的底板（通常）提供电缆进入的进线孔及密封，柜内应为配线及电缆进线的固定提供条件。

（4）光缆进线及固定。柜内应为光缆提供安装、固定及盘绕附件，光缆宜与电缆分开布置，光缆弯曲半径不小于最小允许值（通常为 50mm）。柜内应为光纤配线单元提供合适的固定空间和方式。柜内布线宜采用行线槽或布线板，纵向和横向布线。

（5）柜内照明。柜内应设有照明设施及门控开关，满足检修需求。

（6）电击防护。电击防护按照 I 类安全设备［参见《电击防护 装置和设备的通用部分》（GB/T 17045）］的要求设计。电击防护具体要求如下（实际测量）：

1）所有外露可导电部分实现导电连续性连接，各连接点的接触电阻不应大于 0.1Ω，与保护接地点之间的电阻不大于 0.1Ω。

2）设置安全接地点或安全接地端子，并有明显的保护接地标志［参见《量度继电器和保护装置　第 27 部分：产品安全要求》（GB/T 14598.27）］，以便在现场安装时与接地网实现导电互连。

3）接地连接处有防锈蚀、防松脱及防绝缘层刺破的措施，以确保接地连接的可靠性。

（7）着火危险防护。柜体如设有通风孔，通风孔要装设挡板、筛网等加以防护。防火筛的网眼尺寸不应大于（2×2）mm²，金属丝的直径不应小于 0.45mm，以使故障时冒出的火焰和灼热颗粒造成的危害降到最低程度。

（8）机械危险防护。柜体及其零部件的可触及部分不应有锐边和棱角、毛刺和粗糙的外表，以防止在智能控制柜装配、安装、使用和维护中对人身安全带来伤害。

应具有足够稳定性和牢固安装，避免在正常运行或维修作业时倾倒或部件跌落。

（9）附加安全要求。智能控制柜应配置锁具，在户外布置时，柜体及门锁应具有抵御螺丝刀等小工具破开的能力。

（10）安全标志及说明。应至少包括以下安全标志，安全标志的符号及标识应符合 GB 14598.27 中的规定：

1）柜体外的保护接地标志。

2）IP 防护等级及其他安全标志或说明。

2. 温湿度调节性能测试

（1）高温试验。

1）试验要求说明：本项试验应能够模拟酷热的现场环境，温度最高可达 +44.0℃，在此气象温度下必然伴随着强烈的日照。本着从严考核的原则，设定本项试验中环境温度 +45℃、模拟日照 1120W/m²、柜内有 200W 模拟发热载荷时，要求柜内温度不高于 55℃，柜内应无凝露，柜内温度越限告警正常。

2）试验方法：将智能控制柜置于温湿度光照环境模拟试验箱中，温湿度光照环境模拟试验箱内维持 45℃环境温度，且安装有模拟太阳辐射光源灯板，调节灯板光照，使控制柜上光照辐射强度为 1.120kW/m²。以 24h 为一循环，照射 8h，停照 16h，按要求重复进行试验（每个循环的总辐射量为 8.96kW·h/m²，相当于最严酷的自然条件）。试验进行 3 个循环，即 3d。测量温度由 8 个温度传感器求平均得到，每小时测量一次柜内温度，应不高于 55℃。

（2）低温试验。

1）试验要求说明：本项试验旨在模拟严寒的现场环境，我国东北地区冬季最寒冷时气温可达零下四十余度，按照从严考核的原则，本项试验设定环境温度为−45℃，柜内有200W模拟发热载荷时，要求柜内温度在5℃以上，且柜内应无凝露和结冰。

2）试验方法：将控制柜放入温湿度光照环境模拟试验箱中，温湿度光照环境模拟试验箱内环境温度在2h内由室温降至−45℃，保持最低−45℃，持续22h，试验时间合计24h，测量柜内温度，测量温度由8个温度传感器求平均得到，每小时测量一次柜内温度，稳定后柜内温度应不低于5℃，柜内应无凝露和结冰。

（3）湿度试验。

1）试验要求说明：本项试验旨在模拟高湿度的现场环境，需将控制柜置于高湿环境，且环境温度处于逐渐降低过程中，柜内应无凝露或结冰。

2）试验方法：将控制柜放入温湿度光照环境模拟试验箱中，温湿度光照环境模拟试验箱内环境温度8h内由高温下降到低温，温差不小于15℃，柜内有200W模拟发热载荷时，环境相对湿度维持在95%，持续8h，柜内应无凝露或结冰。

在进行温湿度调节性能测试各项试验时，对柜内上部（内顶面下方10~20cm与距四周内壁不小于10cm围成的区域）、中部（柜内1/2高度±10cm与距四周内壁不小于10cm处围成的区域）、下部（内底面上方10~20cm与距四周内壁不小于10cm处围成的区域）的温度进行监测，要求温度平衡后，柜内上部、中部和下部的温度差不大于10℃。

3. 电磁屏蔽性能测试

测试要求说明：智能控制柜应具有一定的电磁屏蔽能力，为柜内元器件提供一个较好的电磁环境，但鉴于目前控制柜制造水平，为达到较好的电磁屏蔽等级，控制柜成本会急速增加，因此本项试验作为推荐性试验，只记录结果，不做考核。

对智能控制柜电磁屏蔽性能测试按照《电子设备机械结构 公制系列和英制系列的试验 第3部分：机柜和插箱的电磁屏蔽性能试验》（GB/T 18663.3）中规定的方法进行。

试验设备：发射设备、光缆、发射天线、接收天线、同轴电缆、接收设备。

基准测量：将发射天线放于即将安放控制柜的位置，发射天线与接收天线以相同的方式极化，发射天线以不大于 5MHz 的扫频频率发射 30～2000MHz 的信号，接收天线从 1～4m 的高度进行扫描，记录每一频率下的最大信号强度 E_1。

试验测量：将控制柜放于指定位置，发射天线放于控制柜内，将控制柜以其垂直轴通过旋转台旋转 360°，在频率范围 30～200MHz 内至少取 4 个读值点，并以 90° 为增量确定最大信号强度，在频率范围 200～1000MHz 之间以 45° 为增量确定最大信号强度，在频率范围 1000～2000MHz 内以 30° 为增量确定最大信号强度。

在 300～2000MHz，扫描频率增量不大于 5MHz，接收天线从 1～4m 高度扫过，扫描高度步进增量为 0.1m。对于每个频率，记录通过旋转台转动和天线高度变化相结合得出的最大信号强度 E_2。

表 3-23　　　　　　　　电 磁 屏 蔽 性 能 等 级

性能等级	最小屏蔽性能		
	频率范围 30～200MHz	频率范围 200～1000MHz	频率范围 1000～2000MHz
1	20dB	10dB	0
2	40dB	30dB	20dB
3	60dB	50dB	40dB

计算将 E_2 与 E_1 进行差值计算，所得单位为 dB，即为控制柜的电磁屏蔽性能，可按表 3-23 确定控制柜的电磁屏蔽性能等级。

4. 外壳防护等级性能测试

雨水、工业粉尘等会对控制柜内智能组件带来不良影响，智能控制柜应具有良好的防尘防水性能。根据智能控制柜的现场使用环境，符合 GB 4208 中规定的 IP54 外壳防护等级适用的情况，防尘的要求为不能完全防止尘埃进入，但进入的灰尘量不得影响设备的正常运行，不得影响安全；防水的要求为向外壳各方向溅水无有害影响。

测试方法：测试按照 GB 4208 中规定的测试方法进行。

3.3　智能感知变压器一体化设计及整体联调

为了减少和预防变压器故障的发生，国内外多采用在电力变压器上增加在线监测装置，但监测装置的安装位置和数量受限制，同时其安装位置不一定是最佳位置，因此大大降低了监测数据的准确性和有效性；监测装置及其传感器与变压器本体采用分开独立设计和试验，没有考虑传感器与变压器的相容性，也未考虑传感器对变压器的机械强度和电气绝缘的影响，以及变压器产生的强电磁场对传感器可靠性、稳定性和准确性的影响。

变压器与传感器一体化融合设计技术可解决上述问题，在变压器进行结构设计和电磁设计的初始阶段，对传感器与变压器本体进行整体三维建模，综合考虑各种传感器与变压器本体的相容性，对安装传感器后的变压器进行安全裕度评估，保证变压器整体的机械强度和电气绝缘性能良好。在变压器的试验阶段，对安装传感器后的变压器进行整体试验测试，保证安装传感器后变压器的安全可靠性。

3.3.1 智能感知变压器一体化设计

在变压器进行结构设计和电磁设计的初始阶段，采用集成一体化融合设计技术，通过三维设计软件 Proe 对多种传感器与变压器本体进行整体三维建模，传感器包括油位传感器、顶层油温传感器、光纤绕组测温传感器、油气传感器、底层油温传感器、局部放电传感器、振动传感器、铁芯接地电流传感器和油压力传感器。

采用仿真软件对特高频局部放电传感器法兰位置和光纤绕组出线法兰位置的变压器油箱结构强度进行直观分析，通过油箱应力的分布分析，采用合适的结构及选定加强铁的布置方式，减小法兰开孔对变压器油箱机械强度的影响，如图 3-27 所示。采用仿真软件分析所有传感器与变压器本体电场的相互影响，如图 3-28 所示。

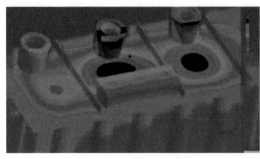 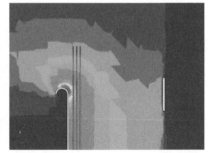

图 3-27 油箱强度仿真　　图 3-28 内置特高频局部放电传感器的场强分析

3.3.2　传感器与变压器的融合技术

通常，采用多种内置和外置的传感器与变压器本体进行一体化融合设计，图 3 - 29 是总体结构示意图。

油位传感器采用传统的油位计，安装主储油柜上，输出油位上限和油位下限无源接点信号各一对和一路 4～20mA 信号。数量 1 个。

顶层油温传感器采用传统油面温度计，依据实际变压器外形结构情况，嵌入在变压器箱盖，对角线布置，数量为 2 个。

光纤测温传感器嵌入变压器绕组内部，绕组撑条绝缘垫块上开槽，光纤探头安放在槽中。内部光纤引出到变压器油箱箱壁上的光纤贯通器，外部光纤从贯通器引到光纤绕组测温监测 IED。

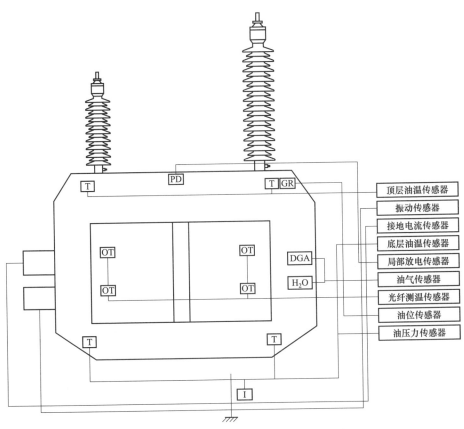

图 3 - 29　传感器与变压器融合总体结构示意图

光纤探头的埋置位置是绕组的热点位置，即绕组温度最高的位置。通常，绕组上、下端部的导线处漏磁最大，其涡流损耗也最大。但是考虑到绕组端部的散热环境好于绕组内部，因此铜油温差最大值一般在顶部以下或底部以上的第3~4个线饼上，而顶层油温又高于底层油温，因此，绕组热点位置一般在顶部以下的第3~4个线饼上。绕组热点温度计算：首先利用漏磁场计算软件得到每个绕组不同位置的涡流损耗，然后根据各线段的涡流损耗用温度场计算软件，进而得到绕组热点温度和位置。

按照上述步骤，在变压器高、中、低压每个绕组分别埋置1个光纤探头（共9个），然后经过在变压器油箱上的光纤贯通器法兰将信号引出，光纤探头埋置位置见表3-24。图3-30是光纤探头安装完成后的绕组照片。

表3-24 光纤探头埋置位置

埋置位置	数量
高压侧A、B、C三相绕组热点位置	每个绕组一支，共3支
中压侧Am、Bm、Cm三相绕组热点位置	每个绕组一支，共3支
低压侧a、b、c三相绕组热点位置	每个绕组一支，共3支

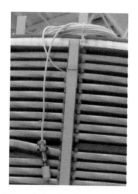

图3-30 光纤探头安装完成的绕组照片

油气传感器安装在变压器油箱预留法兰盘上，能在变压器不停电的条件下进行采样。

底层油温传感器嵌入冷却装置汇流管上，每侧各一个，全面监测底层油温。传感器采用Pt100热电阻，数量为2个，现场安装如图3-31所示。

局部放电同时采用两种传感器，即内置特高频局部放电传感器和HFCT。

内置特高频局部放电传感器应布置在高场强区域，一般在绕组的上下端部，而且根据故障统计绕组端部也容易发生绝缘缺陷故障。内置特高频局部放电传感器的安装位置确定步骤为：在油箱上靠近绕组的上下端部大致选取几个位置，一般在A、B相和B、C相之间上下各选几个。然后，用ELECTRO软件仿真所有传感器与变压器本体电场的相互影响，取影响最小的位置点。

内置特高频局部放电传感器的安装位置通常在高低压侧各2个，靠近变压器绕组上端部位置。传感器实物如图3-32所示，安装示意图如图3-33所示。

图 3-31　底层油温传感器安装位置

图 3-32　内置特高频局部放电传感器

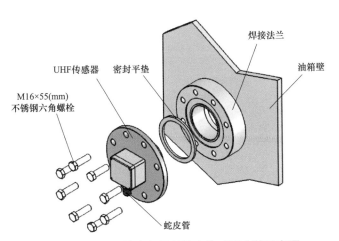

图 3-33　内置特高频局部放电传感器安装示意图

　　HFCT 高频电流传感器依据实际变压器结构情况，在变压器铁芯、夹件接地电流铜排合适位置处，通过安装支架固定在变压器箱壁预留安装板上。HFCT传感器与工频接地电流传感器采用一体化复合方式，可同时监测高频局部放电信号和工频接地电流信号。传感器实物如图 3-34 所示，现场安装照片如图 3-35 所示。

图 3-34　复合式接地电流传感器

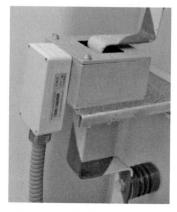

图 3-35　复合式接地电流传感器安装示意图

图 3-36　振动传感器

振动传感器的安装采用磁吸附方式。在变压器油箱外侧安装振动传感器来监测变压器的振动，振动传感器信号输入振动监测 IED。

振动传感器安装在变压器箱壁的预留安装板上，数量为 1 个，在变压器油箱侧面靠近有载分接开关的位置。传感器实物如图 3-36 所示，安装示意图及现场安装照片如图 3-37 所示。

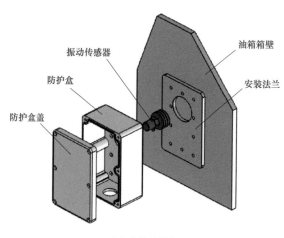

（a）安装示意图

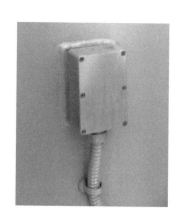

（b）现场照片

图 3-37　振动传感器安装示意图及现场照片

　　铁芯和夹件接地电流传感器由专用安装支架固定，安装在变压器油箱的适当位置，同时接收来自变压器内部高频局部放电的脉冲电流信号和工频接地电流信号。

3.3.3　变压器及智能组件整体联调

智能感知变压器都是采用设备本体由一次厂家生产，智能组件由二次厂家生产的模式。由于一次二次厂家双方缺少必要的规约来规范化接口，容易导致现场接线调试工作量大、工期长、难以预估，而且当现场出现问题时，责任不易区分，容易出现一次二次厂家互相推诿的情况，导致影响整个智能变电站的建设。因此，需在变压器出厂时进行整体联合调试。

智能感知变压器处于整体联调状态时，应尽可能还原现场情况，所有传感器和智能组件应已安装完毕，设备布置模拟现场分布，智能控制柜与变压器本体距离不远于现场情况，且采用单独电源和接地，试验前所有智能组件均处于正常运行状态，试验中所有智能组件和传感器带电运行。在联调试验期间，测量 IED、各监测 IED 及承担监测功能的各控制 IED 至少采集一组完整的数据，并完成一次完整的信息交互流程，信息交互功能应正常、监测参量的技术指标符合 Q/GDW 410 的要求。在联调试验期间，各控制 IED 应能接收站控层模拟系统发送的所有控制指令，并成功控制受控组（部）件的操动或运行、正确反馈控制状态。通过手动方式，测试非电量保护 IED，要求动作输出信号正常、信息流正常。

联调检测中选择的智能组件应通过国内外权威检测机构的专业检测，并满足 Q/GDW 410 的要求。由于单品智能组件均已要求通过国内外权威检测机构的检测，故其只需按要求出具相应的电磁防护能力、振动防护能力、温湿度防护能力等型式试验报告。

由于变压器生产厂家均能进行变压器出厂试验项目，而这些试验项目也能很好地模拟现场严酷运行条件，所以联调检测以变压器出厂试验为主，试验过程中同时对传感器和智能组件进行功能和性能进行检测。

联调检测中设计智能感知的主要检测项目和记录及考核内容见表 3-25。

表 3-25　联调检测主要检测项目列表

序号	检测项目	记录及考核内容
1	短路阻抗和负载损耗测量	记录测量 IED 测量的变压器电压、电流值，对于具有光纤绕组测温智能组件的智能感知变压器，应记录全部光纤传感器的测量温度。 试验过程中所有传感器与智能组件无损坏，测量数据和波形无异常；非电量保护 IED 工作正常
2	有载分接开关试验	记录有载分接开关控制 IED 控制的挡位值。 由有载分接开关控制 IED 控制方式进行操作，操作过程中检查有载分接开关控制 IED 的工作状态

序号	检测项目	记录及考核内容
3	长时空载试验	试验过程中应记录油中溶解气体监测 IED 测量的结果，记录 IED 铁芯接地电流数据，如有绕组光纤测温，应同时记录光纤测温 IED 的温度测量值。 变压器长时间空载试验条件下，所有智能组件应处于正常运行状态，不应有任何损坏，测量数据和波形无异常
4	声级测定	试验中应按照现场情况布置智能控制柜，并包含在基准发射面内
5	长时感应耐压试验	通过标准源标定局部放电监测 IED 并测量，记录不同加压阶段的测量灵敏度以及变化趋势，判断其是否工作正常
6	绝缘油试验	记录油中溶解气体监测 IED 测量的结果
7	操作冲击试验	试验过程中所有传感器与智能组件无任何损坏，测量数据与波形无异常
8	雷电冲击试验	试验过程中所有传感器与智能组件无任何损坏，测量数据与波形无异常
9	温升试验	记录绕组光纤测温 IED 测量数据、冷却装置控制 IED 状态。 试验过程中所有智能组件应工作正常，所有绕组光纤测温 IED 的测量值均不能超过绕组热点温度限值。冷却装置控制 IED 应正常采集风扇和油泵电机电流、电压，并能在温升过程中根据油顶温度控制冷却风扇的起停
10	油箱密封试验	试验中传感器安装造成的开孔，例如传感器、取油管、光纤贯通板、局部放电的安装法兰等，不能漏油、变形
11	风扇和油泵电机功耗测量试验	冷却装置控制 IED 正常采集风扇和油泵电机电流、电压
12	绕组电阻测量	如有绕组光纤温度传感器，记录光纤温度传感器的测量温度
13	通信功能试验	联调试验期间，各控制 IED 应能接收站控层模拟系统发送的所有控制指令，并成功控制受控组（部）件的操动或运行、正确反馈控制状态。 通过手动方式，测试非电量保护 IED，要求动作输出信号正常、信息流正常。在联调试验期间，测量 IED、各监测 IED 及承担监测功能的各控制 IED 至少采集一组完整的数据，并完成一次完整的信息交互流程，要求信息交互功能正常、监测参量的技术指标符合 Q/GDW 410 要求

表 3-4 的检测项目均以变压器本体试验为基础，其中部分检测项目只需查看智能组件是否正常运行，测量数据和波形无异常。而有些试验项目需重点关注智能组件在试验中的影响，其中雷电冲击试验能最大限度地考查智能组件及智能柜的电磁防护能力，温升试验则能比较全面地检查智能组件的功能，所以下面重点介绍雷电冲击试验和温升试验。

（1）雷电冲击试验。雷电冲击试验是智能感知变压器联合检测试验中最为严酷的试验，它不但考核了变压器本体对相应雷电冲击的耐受能力，还考核了传感器和智能组件由于雷电冲击导致的地电位抬高，空间电磁波干扰以及变压器和导线的电磁传导干扰的耐受能力。对于 220kV 的变压器，其雷电冲击峰值电压约达 1000kV，形成的空间电磁波和传导电磁波会随空间位置不同而不同，但总体是非常可观的。因此变压器传感器、智能组件和连接电缆均必须有良好的防护设计才能保证它们不受雷电冲击的损伤。

雷电冲击试验分全波冲击和截波冲击，对于 110kV 及以上电压等级的变压器其出线端均需进行全波和截波冲击试验，中性点端则只需进行全波冲击试验。全波是具有一定极性的非周期性脉冲电压波，其波前部分电压上升很快，到达峰值后再缓慢地降到零，如图 3－38 所示。截波是指雷电冲击电压全波在经过一段时延后（约 2～6μs）被外间隙截断的波形，如图 3－39 所示。关于全波和截波，在《高电压试验技术　第 1 部分：一般定义及试验要求》（GB/T 16927.1）中均有所规定。

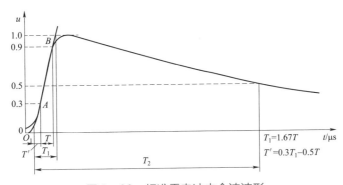

图 3－38　标准雷电冲击全波波形

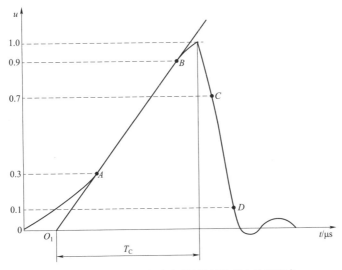

图 3－39　标准雷电冲击截波波形（波前截断）

雷电冲击试验的试验方法为利用冲击电压发生器，对不同电压等级的绕组施加相应的雷电冲击电压；同时利用示伤回路测量到的波形，检查并考核被试变压器样品雷电冲击绝缘水平。

雷电冲击试验过程中要求变压器绝缘正常，响应波型正常。所有传感器与智能组件无任何损坏，其测量的数据和波形没有异常。对于带有局部放电监测智能组件的智能感知变压器，还应注意检查局部放电监测智能组件是否工作正常。

（2）温升试验。温升试验是变压器耗时最长的试验，目的是检验变压器在规定状态下其绕组、铁芯和变压器油的温升；油箱、结构件、引线和套管以及引线和分接开关的连接处是否有局部过热；确定变压器在工作运行状态及超过额定负载运行状态下的热状态及有关参数。变压器温升试验还全面考查了变压器各传感器和智能组件的功能状态，特别是温度测量、电流测量、冷却系统控制。

对于大型油浸式变压器，一般采用短路法进行温升试验，因为该方法所需电源容量最小，试验电压最低。GB/T 16927.1 原理接线图如图 3-40 所示，此时分接开关应在最小分接位置。施加损耗为变压器总损耗，在温度稳定后测量顶层油温、冷却器进出口温度和环境温度。在施加绕组额定电流下测量顶层油温、冷却器进出口温度、环境温度和绕组热态电阻。在试验过程中应查看并记录各阶段各智能组件的测量值。

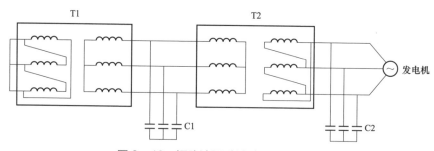

图 3-40　短路法温升试验原理接线图

温升试验过程中要求所有智能组件均处于正常运行状态，没有任何损坏，测量数据和功能无异常。如有绕组光纤测温智能组件，其测量值应不超过绕组热点温度限值。温升试验完成后，在降温过程中检查冷却控制智能组件是否能够正常控制冷却系统并正常采集风扇和油泵电机的电流和电压。

图 3-41 为某次联合检测试验中，智能组件主 IED 测量到的温度变化曲线。

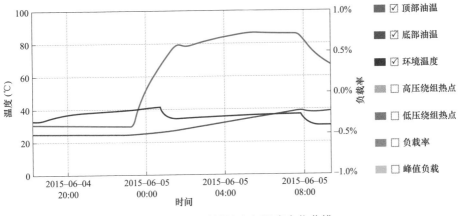

图 3-41　温升试验中各温度变化曲线

图 3-42 为该次联合检测中采用了电子式变压器附件而测量到油位和呼吸器湿度变化曲线。

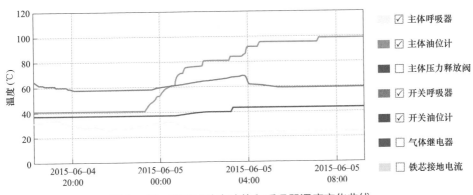

图 3-42　温升试验中油位和呼吸器湿度变化曲线

第4章　变压器故障诊断与状态评估

状态检修是指企业以安全、可靠性、环境、成本等为基础，依据设备的运行工况、基本状态以及同类设备家族历史等资料，通过设备的状态评估、风险分析，制定设备检修计划，达到设备运行可靠、检修成本合理的一种设备维修策略。状态检修将离线试验的数据资料和在线监测设备采集的在线实时数据结合起来对电力设备进行实时状态评估和诊断。监测技术是变压器状态检修的基础，而诊断评估技术则是变压器状态检修工作的核心和关键。全面且准确的变压器状态评估技术可以提高变压器的安全性和可用性，保证电力系统的安全和经济运行。

4.1　故　障　诊　断　模　型

变压器故障诊断是综合利用各种运行状态数据，采用适当的数据处理方法对变压器潜伏性故障进行判别并定位。电力变压器故障通常可归为三类：热故障、电故障和机械故障，其中以前两种故障类型为主。过热故障可以依据温度分为低温过热、中温过热、高温过热；放电故障根据放电程度可以分为局部放电、低能放电、高能放电。这六大类的故障根据发生于变压器部位的不同还可以分为更具体的故障，如引线接线不良、绝缘受潮、铁芯接地、绕组匝间短路等。

本节介绍典型的变压器故障智能诊断方法，应用故障树分析法、物元法和神经网络法联合实现故障分类和定位。其中故障树分析法主要用于故障定位，即分析故障到底属于变压器哪个组（部）件；物元法和神经网络法用于故障定性，即判断故障到底属于是过热还是放电，属于哪种过热或者是放电；同时神经网络法用于完善物元法对于临界值不确定的问题，即故障定性首先采用物元法，一旦出现由于临界值不确定导致无法进行故障定性时再采用神经网络法进行补充。

4.1.1　故障树模型

故障树分析（fault tree analysis，FTA），是一种分析、判断系统的可靠性和可用性，将系统故障形成的原因由总体至部分按树枝状逐级细化的重要分析方法。利用 FTA 分析系统的故障模式，通过衡量元、部件对系统的重要度，找出系统或设备的薄弱环节，以便在设计和系统运行管理中采取相应的措施。

故障树是一种特殊的倒立树状逻辑因果关系图，它用事件符号、逻辑门符号和转移符号描述系统中各种事件之间的因果关系。对故障树的定性分析，主要是对原始故障树进行化简并得到其最小割集的过程，其主要目的是找出导致顶事件发生的所有可能故障模式。

故障树的结构函数是故障树的数学表达式，它是对故障树进行定性和定量分析的基础，考虑由 n 个不同的独立底事件构成的风险树，化简后的风险树顶端事件的状态中完全由底事件的状态 $X_i(i=1,2,\cdots,n)$ 的取值所决定（共 $2n$ 个状态），即 $\Phi(X)=\Phi(x_1,x_2,\cdots,x_n)$ 称逻辑函数中为风险树的结构函数。

例如，与门结构风险树的结构函数为式（4−1）。

$$\Phi(X)=\bigcap_{i=1}^{n}x_i=\min(x_1,x_2,\cdots,x_n) \qquad (4-1)$$

式（4−1）的意义是：当全部底事件都发生（即全部 X_i 都取值 1 时，则顶事件才发生[$\Phi(X)=1$]。而对于门结构风险树，其结构函数为式（4−2）。

$$\Phi(X)=\bigcup_{i=1}^{n}x_i=\max(x_1,x_2,\cdots,x_n) \qquad (4-2)$$

式（4−2）的意义是：当系统中任一个底事件发生时，则顶事件发生。

用结构函数代表风险树，利用布尔代数运算规则和逻辑门等效变换规则，获得对应的简化后的风险树，然后通过定性分析可得到以最小割集和形式的风险树结构函数。与、或门结构风险树如图 4−1 所示。

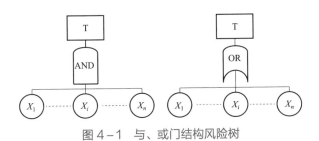

图 4−1　与、或门结构风险树

1. 构造故障树的基本步骤

故障树建立一般分为如下四个步骤：

（1）选择和确定顶事件。顶事件是系统最不希望发生的事件，或是指定行逻辑分析的故障事件。

（2）分析顶事件。寻找引起顶事件发生的直接、必要和充分原因，将顶事件作为输出事件，将所有直接原因作为输入事件，并根据这些事件实际的逻辑关系用适当的逻辑门相联系。

（3）分析每一个与顶事件直接相联系的输入事件。如果该事件还能进一步分解，则将其用作下一级的输出事件，如同步骤（2）中对顶事件那样进行处理。

（4）重复上述步骤，逐级向下分解，直到所有的输入事件不能再分解或不必再分解为止，即建成了一棵倒置的故障树。

2. 变压器故障树的构建

变压器故障分析是其可靠性设计、制造、试验与运行的基础。借助于故障树形式，可将变压器故障直观地逐级划分为基本故障类型，这不仅有利于故障原因的分析，而且对改进设计和制造工艺均有很大的帮助。

我们根据对变压器故障以及事故的统计分析，建立了电力变压器故障树。将威胁大型变压器安全运行并需尽快安排检修的情况作为顶故障，导致顶故障发生的中间级故障是按变压器主要组件故障划分的，变压器主故障树结构如图4-2所示。

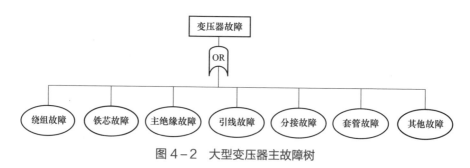

图4-2　大型变压器主故障树

进一步根据故障间的因果关系，可以分别找出导致中间级故障的根本故障原因，因而形成一系列故障子树，包括"绕组故障""铁芯故障""主绝缘故障"等子树，如图4-3所示。

3. 故障诊断

（1）故障概率分级。基于专家意见及现场经验，将变压器的故障率按照故障发生概率大小对故障可能性等级进行划分，分为极高（Ⅰ）、较高（Ⅱ）、一般（Ⅲ）、较低（Ⅳ）、极低（Ⅴ）五个等级，见表 4-1。

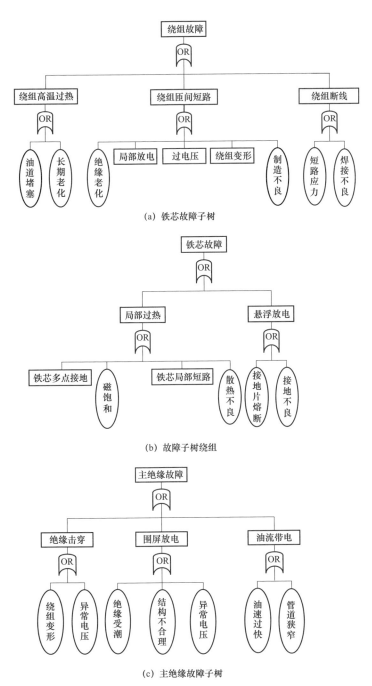

图 4-3　变压器故障子树

表 4-1   故障等级标准划分表

故障等级	极 高	较 高	一 般	较 低	极 低
概率区间	0.1 以上	0.06～0.1	0.03～0.06	0.01～0.03	0.01 以下

根据各种故障模式发生概率的统计，忽略了统计中带来的一些难以避免的误差，分别计算出发生的各种故障的可能性，并针对故障可能性概率划分的 5 个等级进行故障可能性等级的评定。

（2）故障严重度分析。通过计算机编程实现了层次分析法（analytic hierarchy process，AHP）和可拓工程法两种方法相结合，从而对 23 种故障严重性进行预算，基于专家意见及现场经验将变压器故障失效严重度按照综合评判分为很严重（Ⅰ）、较严重（Ⅱ）、一般（Ⅲ）、不太严重（Ⅳ）、不严重（Ⅴ）五个等级。结果见表 4-2。

表 4-2   故障严重性等级划分标准

故障等级	很严重	较严重	一 般	不太严重	不严重
故障严重度	0.7～1.0	0.65～0.7	0.6～0.65	0.4～0.6	0.0～0.4

（3）基于风险矩阵的风险评估。风险指标的基本表达式为

$$R = \sum (P_i C_i) \tag{4-3}$$

式中 P_i——第 i 个故障发生概率；

C_i——第 i 个故障发生引起的后果；

R——风险指标。

为简化评估工作量，常常采用二维平面风险矩阵来进行风险评估。风险矩阵的横坐标是故障的严重程度，纵坐标是发生故障的可能性，故障可能性和故障严重程度的不同组合得到不同的风险等级。

4.1.2 物元模型

1. 物元理论和物元模型

为了描述客观事物的变化过程，把解决矛盾问题的过程形式化，可拓学引入了由事物、特征及相应的量值构成的 3 元组——物元，作为描述事物的基本元素。

定义 1：给定事物的名称 N，它关于特征 c 的量值为 v，以有序 3 元组 $R = (N,c,v)$ 作为描述事物的基本元，简称为物元。事物的名称 N、特征 c 和量值 v 称为物元

三要素。

物元把事物、特征和量值放在一个统一体中考虑，使人们处理问题时既要考虑量，又要考虑质。同时，物元中的事物是有内部结构的。物元三要素的变化和事物内部结构的变化使物元产生变化，因而物元是描述事物可变性的基本工具。

定义 2：一个事物可以有多个特征，如果事物 N 以 n 个特征 $c_1, c_2, \cdots, c_n$ 及相应的量值 $v_1, v_2, \cdots, v_n$ 描述，则称 $\boldsymbol{R} = \begin{bmatrix} c_1 & v_1 \\ \vdots & \vdots \\ c_n & v_n \end{bmatrix} = \begin{bmatrix} R_1 \\ \vdots \\ R_n \end{bmatrix}$ = 为 n 维物元。其中

$R_i = (N, c_i, v_i)(i = 1, 2, \cdots, n)$ 称为 $\boldsymbol{R}$ 的分物元，$\boldsymbol{C} = [c_1, c_2, \cdots, c_n]$ 是特征向量，$\boldsymbol{V} = [v_1, v_2, \cdots, v_n]$ 是特征向量的量值。

多维物元的引入，可以形式化地更全面地描述事物，也为建立电力变压器综合评估的物元模型提供了理论依据。

多维物元的概念实质上提供了一个描述电力变压器综合评估解决问题的新思路，无论电力变压器的状态情况如何复杂，总可以用一个多维物元可以定性地表征特定的参量。而可拓集合中的关联函数，又为定量计算待诊电力变压器与各个标准故障类型之间的差别提供了一个有力的数学工具。

定义 3：设 x 为实域 $(-\infty, +\infty)$ 上的任意一点，$X_0 = <a, b>$（符号 $<>$ 表示只关心区间端点而不论开、闭性质）为实域上任一区间，则称

$$\rho(x, X_0) = \left| x - \frac{a-b}{2} \right| - \left| \frac{b-a}{2} \right| \qquad (4-4)$$

为点 x 与区间 X_0 的距离。

定义 4：设区间 $X_0 = <a, b>$ 和 $X = <c, d>$，且 $X_0 \subset X$，则点 x 关于 X_0, X 的位置为

$$D(x, X_0, X) = \begin{cases} \rho(x, X) - \rho(x, X_0), & x \notin X_0 \\ -1, & x \in X_0 \end{cases} \qquad (4-5)$$

由式（4-5）可知，若 $X_0 \subset X$，且无公共端点，则 $D(x, X_0, X) < 0$；若 X_0 与 X 有公共端点，则 $D(x, X_0, X) \leq 0$。

定义 5：设区间 $X_0 = <a, b>$ 和 $X = <c, d>$，且 $X_0 \subset X$ 且无公共端点，则称函数

$$K(x) = \frac{\rho(x, X_0)}{D(x, X_0, X)} \qquad (4-6)$$

为 x 关于区间 X_0、X 的关联函数。

2. 物元理论故障诊断步骤

电力变压器进行故障诊断的基本步骤如下：

（1）确定电力变压器故障类型的物元三要素；

（2）确定电力变压器的各故障类型的物元模型；

（3）建立描述电力变压器待诊状态的现状物元模型；

（4）根据式（4-6）计算关联函数值；

（5）确定权系数；

（6）计算待诊电力变压器与各故障类型的关联程度；

（7）标准化；

（8）确定待诊电力变压器的故障类型。

3. 模型的应用

（1）电力变压器故障类型的物元三要素。根据表4-3中的故障类型，可以确定电力变压器9种故障类型 $I = \{I_1, I_2, \cdots, I_9\}$。与之相应的特征集合 $C = \{C_1, C_2, C_3\}$，各特征分别与表4-3中3种气体比值相对应，即 C_1:C_2H_2/C_2H_4；C_2:CH_4/H_2；C_3:C_2H_4/C_2H_6。

表4-3 电力变压器标准故障模型

编号	故障类型	气体比值范围		
		C_2H_2/C_2H_4	CH_4/H_2	C_2H_4/C_2H_6
1	无故障	0~0.1	0.1~1	0~1
2	低能局部放电	0~0.1	0~0.1	0~1
3	高能局部放电	0.1~3	0~0.1	0~1
4	低能放电	>0.1	0.1~1	>1
5	高能放电	0.1~3	0.1~1	>3
6	<150℃低温过热	0~0.1	0~0.1	1~3
7	150~300℃低温过热	0~0.1	>1	0~1
8	300~700℃中温过热	0~0.1	>1	1~3
9	>700℃高温过热	0~0.1	>1	>3

（2）确定电力变压器的各故障类型的物元模型。若电力变压器发生故障 I_i，则相应的故障物元模型为

$$R_i = \begin{bmatrix} C_1 & V_{i1} \\ C_2 & V_{i2} \\ C_3 & V_{i3} \end{bmatrix} \quad i = 1, 2, 3, \cdots, 9$$

式中　$V_{ij} = <a_{ij}, b_{ij}>$ ——I_i 发生时关于特征 C_j 规定的量域（$i = 1, 2, \cdots, 9; j = 1, 2, 3$）。

（3）建立描述电力变压器待诊状态的现状物元模型：

$$R_i = \begin{bmatrix} C_1 & V_{i1} \\ C_2 & V_{i2} \\ C_3 & V_{i3} \end{bmatrix} \quad i = 1, 2, 3, \cdots, 9$$

（4）根据式（4-6）计算关联函数值。

（5）确定权系数。按照在电力变压器故障诊断中气体 3 个对比值的重要程度设定相应的权重系数，在这里，3 个特征的权重系数为 $W_{i1} = W_{i2} = W_{i3} = 1/3$。

（6）计算待诊电力变压器与各故障类型的关联程度。

$$\lambda(I_i) = \sum_{i=1}^{9} W_{ij} K_{ij} \tag{4-7}$$

（7）标准化。为了便于对诊断结果进行分析，利用式（4-8）将步骤（6）中获得的关联程度标准化：

$$\lambda'(I_i) = \frac{2\lambda(I_i) - \lambda_{\min} - \lambda_{\max}}{\lambda_{\max} - \lambda_{\min}} \tag{4-8}$$

（8）确定待诊电力变压器的故障类型。依据得到的待诊电力变压器与各故障类型的关联程度 $\lambda'(I_i)$，可以按照下列步骤对待诊电力变压器进行定性与定量相结合的故障诊断：

第 1 步：如果 $\lambda'(I_i) \leqslant 0$，则可以判断待诊电力变压器没有发生故障类型 I_i；如果，$\lambda'(I_i) > 0$ 则可以定性地判断待诊电力变压器可能发生故障类型 I_i。

第 2 步：对所有大于 0 的关联程度，按其数值从大到小依次排列，然后利用最大可能性原则，得出待诊电力变压器与故障类型 I_i 相似的可能性最大，则判定待诊电力变压器发生了故障类型 I_i。

第 3 步：在第 2 步中得到的所有大于 0 的关联程度降序排列中，如果两个或两个以上的关联值十分接近且明显高于其他故障类型的关联程度值时，表明待诊电力变压器同时发生了两种或两种以上类型的故障。

第 4 步：观察第 2 步中得到的所有大于 0 的关联程度降序排列，还可以进一步对待诊电力变压器可能发生的各种故障类型进行定性分析，按照关联程度的降序排列，可知待诊电力变压器发生排列中各种相应故障类型的可能性逐渐降低。

4.1.3　神经网络模型

完善物元算法综合评估模型中的临界值不确定的问题，根据故障数据库的收集的大量故障数据并且目前没有总结出来规律的数据，通过神经网络不停训

练找出其中的变化规律提高综合评估模型的模糊判断能力。

神经网络（neural net，neural network），即误差反传误差反向传播算法的学习过程，由信息的正向传播和误差的反向传播两个过程组成。输入层各神经元负责接收来自外界的输入信息，并传递给中间层各神经元；中间层是内部信息处理层，负责信息变换，根据信息变化能力的需求，中间层可以设计为单隐层或者多隐层结构；最后一个隐层传递到输出层各神经元的信息，经进一步处理后，完成一次学习的正向传播处理过程，由输出层向外界输出信息处理结果。当实际输出与期望输出不符时，进入误差的反向传播阶段。误差通过输出层，按误差梯度下降的方式修正各层权值，向隐层、输入层逐层反传。周而复始的信息正向传播和误差反向传播过程，是各层权值不断调整的过程，也是神经网络学习训练的过程，此过程一直进行到网络输出的误差减少到可以接受的程度，或者预先设定的学习次数为止。

BP 神经网络模型包括节点输出模型、作用函数模型、误差计算模型和自学习模型。

（1）节点输出模型。

隐节点输出模型：

$$O_j = f(\sum W_{ij} \times X_{i-qj}) \tag{4-9}$$

输出节点输出模型：

$$Y_k = f(\sum T_{jk} \times O_{j-qk}) \tag{4-10}$$

式中 f ——非线形作用函数；

q ——神经单元阈值。

（2）作用函数模型。作用函数是反映下层输入对上层节点刺激脉冲强度的函数又称刺激函数，一般取为（0，1）内连续取值 Sigmoid 函数：

$$f(x) = 1/(1 + e^{-x}) \tag{4-11}$$

（3）误差计算模型。误差计算模型是反映神经网络期望输出与计算输出之间误差大小的函数：

$$E_p = 1/2 \times \sum (t_{pi} - O_{pi}) \tag{4-12}$$

式中 t_{pi} ——i 节点的期望输出值；

O_{pi} ——i 节点的计算输出值。

（4）自学习模型。神经网络的学习过程，即连接下层节点和上层节点之间的权重矩阵 W_{ij} 的设定和误差修正过程。BP 网络有有师学习方式（需要设定期望值）和无师学习方式（只需输入模式）之分。自学习模型为

$$\Delta W_{ij}(n+1) = h \times \phi_i \times O_j + a \times \Delta W_{ij}(n) \tag{4-13}$$

式中 h ——学习因子；

ϕ_i——输出节点 i 的计算误差；

O_j——输出节点 j 的计算输出；

a——动量因子。

4.2　局部放电模式识别

变压器局部放电模式识别需要基于大量样本数据，样本数据的获取通常源于实验室缺陷模型，缺陷模型应尽可能接近实际工况，实验室模型获得的样本数据经过必要的处理后，采用人工智能算法进行样本训练后得到可靠的算法模型，利用待测样本对模型进行测试。

4.2.1　油纸绝缘局部放电缺陷模拟

电力变压器内部油纸绝缘系统的局部放电包括四种典型的缺陷模型：① 绝缘内部气隙放电模型；② 油中沿面放电模型；③ 油中电晕放电模型；④ 油/空气分界面放电模型，依次被简记为 G、S、C、I 类放电。

四种放电缺陷模型的电极结构如图 4-4 所示。图 4-4（a）为 G 类放电缺陷模型，采用三层直径 80mm 的纸板通过环氧树脂密封而成，并在中间层的中间制作了一个直径为 2mm 的圆孔以模拟绝缘内部气隙放电。上下层绝缘纸板厚度均为 1mm，中间层绝缘纸厚度为 $h=0.2$mm。在图 4-4（b）中，由直径为 $D=25$mm 的柱 - 板电极施加在直径为 80mm、厚度为 2mm 的绝缘纸板上模拟 S 类放电。C 类放电由针 - 板电极之间放置厚度为 1mm 的纸板模拟，如图 4-4（c）所示，针尖到纸板的距离为 $l=1$mm。图 4-4（d）缺陷模型用于模拟 I 类放电，当电压超过一定值时，在油和空气的分界面将发生发电。分界面到上电极和分界面到下电极的距离分别为 h_1 和 h_2，其中 $h_1=5$mm，$h_2=10$mm。

在进行试验之前，参照真实变压器对矿物油和绝缘纸的处理程序，对试验绝缘纸板和矿物油进行真空浸油预处理，主要流程如下：将裁剪好的纸板放入 90℃/100Pa 的真空干燥箱中干燥 48h，在 60℃/100Pa 的环境下对矿物油进行真空干燥 24h，在干燥氮气环境下取出绝缘纸板和矿物油试品测试水分含量，若绝缘纸板的水分含量在 0.3%～0.5%，并且矿物油水分含量小于 10mg/L，表明绝缘纸板和矿物油满足真空浸油条件。然后，在干燥氮气环境下，将绝缘纸板放入真空干燥后的矿物油中，在 40℃/100Pa 的真空环境下真空浸油 24h，确保绝缘纸浸渍充分。经过真空浸油的绝缘纸板中水分约为 0.35%，油中水分约为 8mg/L，然后将油纸样品放置在密封容器中保存，确保样品不受环境的影响。G、S、C、

I四类缺陷模型的起始放电电压分别为：5.5、20、13、21kV。

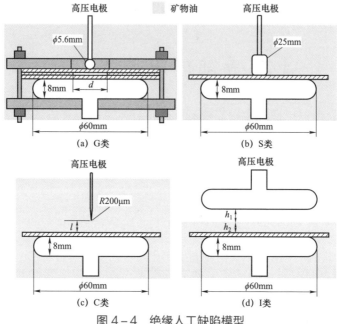

图 4-4　绝缘人工缺陷模型

4.2.2　局部放电信号测量

试验采用脉冲电流传感器测量局部放电信号，测量回路如图 4-5 所示，为并联测量电路。商用的检测设备如 OMICRON 公司的 MPD 600 等都推荐采用并联测量电路来检测电气设备的局部放电，不仅是因为现场的电气设备大多已经接地，不适合在接地端安装检测传感器，而且也是为了避免绝缘击穿的大电流对检测设备可能的损害。另外，在实验室模拟多局部放电源放电试验时，若采用串联测量方法，通常大部分的局部放电电流会在两个试品组成的回路之间流动，而不会流入检测传感器中，使得无法获得准确的混合局部放电源信号。高压电源由自耦调压器 T1（TDZ-50 柱式调压器：输入 380V，输出 0～420V）和无晕试验变压器 T2（50kVA/50kV）构成；保护水阻 R（10kΩ）用于限流保护；C1 和 C2 构成电容分压器，连接电压表测量试验电压，并提供工频试验电压波形；Cx 为试品；Ck 为耦合电容，Zd 是宽频带脉冲电流传感器，具有非常高的频率响应特性和良好的线性度。试验回路建立在双层屏蔽试验室内，以抑制空间电磁干扰和电源干扰。数据采集使用 Wavepro 7100 数字示波器，最大带宽 1GHz，最大采样频率可达 20GS/s，数据采样率设置为 100MS/s。试验在室温下进行，大约为 20℃。

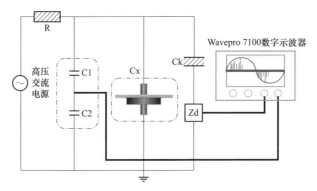

图 4－5　局部放电测量系统示意图

4.2.3　多局部放电源脉冲信号分离与识别

1. 多局部放电源脉冲群分离策略

当变压器内部油纸绝缘系统多处缺陷同时发生放电时，每个放电源的局部放电数据会在相位分辨的局部放电（phase resolved partial discharge，PRPD）图谱上发生部分或全部重叠。因此，脉冲分离则成为多局部放电源缺陷类型识别的关键性问题，通过脉冲分离与局部放电缺陷类型分类方法结合即可实现多局部放电源信号的识别。

由于放电源到传感器之间传递路径的不同、不同类型缺陷放电特性的差异，会导致传感器接收到的不同放电源脉冲具有一定的差异。脉冲分离则是基于这个思想，假设来自同一放电源的局部放电脉冲具有相似的特性，而不同放电源的局部放电脉冲具有相互区分的特性，通过数据挖掘找到能够表征不同放电源局部放电脉冲的具有鉴别力的特征信息，即可实现多局部放电源的脉冲分离。等效视频分析（equivalent time-frequency analysis，ETFA）是这一脉冲分离思想的经典方法，将局部放电脉冲映射至由等效时宽和等效频宽组成的 2D 平面内，实现多局部放电源的脉冲分离。在相同的脉冲分离假设下，基于脉冲时频矩阵相似度的油纸绝缘多局部放电源脉冲分离算法，构建油纸绝缘多局部放电源识别策略，整个识别流程图如图 4－6 所示。

由图 4－6 可知，整个油纸绝缘多局部放电源识别系统可以划分为两个部分：脉冲分离和分类识别。在脉冲分离部分，首先从采集的原始多局部放电源信号数据中提取单个局部放电脉冲波形并同时保存每个脉冲的相位－幅值数据，然后对单个脉冲进行 S 变换提取时频分布矩阵，并计算脉冲之间的时频矩阵相似度后输入近邻传播聚类得到多个局部放电子脉冲群，同时将原始多局部放电源 PRPD 图谱划分为多个 PRPD 子图并提取统计指纹特征。在分类识别部分，采集

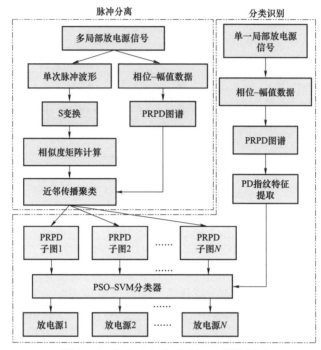

图 4-6 绝缘多局部放电源识别流程图

单一局部源信号的相位-幅值数据构造 PRPD 图谱并提取统计指纹特征，然后输入粒子群优化支持向量机（support vector machine optimized by particle swarm optimization，PSO-SVM）分类器进行训练，最后对脉冲分离得到的 PRPD 子图指纹特征进行识别得到每个放电源的缺陷类型信息。

2. 时频脉冲信号处理

局部放电脉冲是典型的非平稳脉冲信号，与单纯的时域或频域分析手段相比，时频联合分析更能够提取局部放电（partial discharge，PD）脉冲的信息。S 变换（S transform，ST）是一种新型的时频分析方法，集成了短时傅里叶变换（short-time Fourier transform/ short-term Fourier transform，STFT）与连续小波变换（continuous wavelet transform，CWT）的优点。与 STFT 不同，ST 的高斯窗高度和宽度均随频率变化，从而克服了 STFT 窗口高度和宽度固定不变（时频分辨率固定）的缺陷，并比 STFT 具有更好的时频分辨率。

ST 的时频分布可以表示为

$$S(\tau, f) = \int_{-\infty}^{\infty} x(t) w(t - \tau, f) \, dt \qquad (4-14)$$

式中 $x(t)$ ——采集的单个 PD 脉冲；

τ ——时延参数。

式（4-14）中的"母小波"见式（4-15）：

$$w(t,f) = \frac{|f|}{\sqrt{2\pi}} e^{-\frac{t^2 f^2}{2}} e^{-j2\pi ft} \qquad (4-15)$$

因此，ST 可以表示为

$$S(\tau,f) = \int_{-\infty}^{\infty} x(t) \frac{|f|}{\sqrt{2\pi}} e^{-\frac{(t-\tau)^2 f^2}{2}} e^{-j2\pi ft} dt \qquad (4-16)$$

其中，高斯窗的宽度为

$$\sigma = \frac{1}{|f|} \qquad (4-17)$$

ST 也可以采用脉冲 $x(t)$ 的傅里叶变换 $X(f)$ 进行计算，如下所示：

$$S(\tau,f) = \int_{-\infty}^{\infty} X(\alpha+f) e^{-\frac{2\pi^2\alpha^2}{f^2}} e^{j2\pi\alpha\tau} d\alpha, \; f \neq 0 \qquad (4-18)$$

ST 是一种可逆变换，傅里叶变换 $X(f)$ 可以直接由 ST 得到：

$$X(f) = \int_{-\infty}^{\infty} S(\tau,f) d\tau \qquad (4-19)$$

同样，原始 PD 脉冲 $x(t)$ 可以由 ST 还原：

$$x(t) = \int_{-\infty}^{\infty}\int_{-\infty}^{\infty} S(\tau,f) e^{j2\pi ft} d\tau df \qquad (4-20)$$

在实际应用时，数字化测量方法得到的局部放电脉冲 $x(t)$ 以离散形式存储，可以表示为 $x(kT)$，令 $\tau = iT$，$f = n/NT$，PD 脉冲的 ST 为

$$S\left[iT, \frac{n}{NT}\right] = \sum_{m=0}^{N-1} X\left[\frac{m+n}{NT}\right] e^{-\frac{2\pi^2 m^2}{n^2}} e^{\frac{j2\pi mk}{N}} \quad n \neq 0 \qquad (4-21)$$

$$S[iT,0] = \frac{1}{N}\sum_{m=0}^{N-1} x\left(\frac{m}{NT}\right) \quad n = 0 \qquad (4-22)$$

式中　T——采样时间间隔；

　　N——采样点数。

其中，$k = 0, 1, \cdots, N-1$。$n, i, m = 0, 1, \cdots, N-1$，$X[n/NT]$ 为 $x(kT)$ 的离散傅里叶变换：

$$X\left[\frac{n}{NT}\right] = \frac{1}{N}\sum_{k=0}^{N-1} x(kT) e^{\frac{j2\pi nk}{N}} \qquad (4-23)$$

PD 脉冲的 ST 输出为一个复时频矩阵，每行表征该频率点处信号的时频特征随时间变化的分布规律，每列则反映了该时刻信号的时频特征随频率变化的分布规律。可采用 ST 幅值矩阵 A 作为原始 PD 脉冲的时频分布。

$$A(kT,f) = \left| S\left[kT, \frac{n}{NT}\right]\right| \qquad (4-24)$$

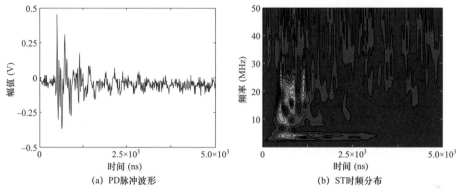

图 4-7　局部放电脉冲及其时频分布

3. 时频脉冲信号相似度分析

近邻传播聚类（affinity propagation clustering，APC）是由弗雷（Frey）等人于 2007 年提出的基于样本相似度的一种聚类方法。APC 将所有的样本均看作潜在的聚类中心，通过消息迭代传播，从样本集中挑选出聚类中心以及对应每类包含的样本。相比传统的 K 均值聚类等算法，APC 具有以下优点：

（1）不受初始聚类中心的影响。

（2）不需要事先指定聚类个数，APC 能够根据输入的样本相似度矩阵和相关参数确定聚类数目。

（3）多次独立运行结果稳定，确定性强，不需要通过多次计算比较获取最优聚类结果。

（4）APC 较其他方法的误差平方和要低。由于 APC 在处理大规模数据时的快速、有效等优点。

假设 PD 脉冲的绝热捷径（shortcuts to adiabaticity，STA）样本集为 $A = \{A_1, A_2, \cdots, A_N\}$，其中 A_i 表征第 i 个 PD 脉冲的 STA 矩阵，N 为脉冲数。APC 的参数主要有样本相似度矩阵 $\boldsymbol{S}$、偏移向量 p 以及阻尼因子 λ。阻尼因子 $\lambda \in [0,1]$ 的引入是为了消除消息传播过程中发生的震荡，一般取 $\lambda = 0.5$ 可取得较好的收敛效果。$p(i)$ 表征第 i 个样本被选为聚类中心的倾向性，决定了最终聚类的个数。在 APC 算法中，$p(i)$ 会被赋值给 $S(i, i)$，$S(i, i)$ 越大，该样本被选为类中心的可能性就越大。在未知先验知识的情况下，可假设每个样本成为类中心的可能性相同，将所有的 $S(i, i)$ 均设为同一个数值。此时，$p(i)$ 越大，APC 输出的聚类数目则越多；$p(i)$ 越小，最后的聚类数目越小。Frey 同样给出了当所有样本的 $p(i)$ 为相同值时的 $p(i)$ 的取值范围 p_{max} 和 p_{min}，当 $p(i) = p_{max}$ 意味着聚类结果仅有一类；而 $p(i) = p_{min}$ 则对应着聚类数目最大值（样本数）。

采用 APC 进行多局部放电源信号的分离，首先需要计算放电脉冲之间的相似度。由于放电脉冲本身存在极性，而 S 变换能够有效获取 PD 脉冲的时频信息，并消除正负脉冲极性的影响。因此，采用式（4-25）计算 PD 脉冲 STA 矩阵的相似度，即时频脉冲信号相似度。

$$S(i,j) = \frac{\sum\limits_{k=1}^{m}\sum\limits_{l=1}^{n}(A_i(k,l)-\overline{A}_i)(A_j(k,l)-\overline{A}_j)}{\sqrt{\left(\sum\limits_{k=1}^{m}\sum\limits_{l=1}^{n}(A_i(k,l)-\overline{A}_i)^2\right)\left(\sum\limits_{k=1}^{m}\sum\limits_{l=1}^{n}(A_j(k,l)-\overline{A}_j)^2\right)}} \quad (4-25)$$

式中　$S(i,j)$——第 i 个 PD 脉冲 STA 矩阵 A_i 与第 j 个脉冲 STA 矩阵 A_j 的相似度；

　　　　m、n——STA 矩阵的行数与列数；

　　　　$\overline{A}_i$、$\overline{A}_j$——STA 矩阵 A_i 和 A_j 的均值。

由于采集到的局部放电脉冲个数较多，所以为了更高效地计算脉冲之间的时频相似度，在实际处理时首先采用"矩阵→向量"的变换将 STA 矩阵 A_j 转换为一维时频列向量 v_j，并将所有 PD 脉冲的一维时频列向量 v_j 组成一个矩阵，采用 MATLAB 软件自带的集成函数 corrcoef 即可进行计算，经过实例验证表明一维时频向量与二维时频矩阵的相似度计算结果相同，由此即可高效地得到脉冲的时频相似度矩阵 $\boldsymbol{S}=[S(i,j)]N \times N$。

为了找到最优的类中心及对应的聚类样本，APC 采用了吸引度（responsibility）$r(i,k)$ 和归属度（availability）$a(i,k)$ 两种消息进行迭代传播。$r(i,k)$ 表征样本 A_k 适合作为样本 A_i 的聚类中心的程度，即依照固有的距离性质样本 A_k 适合作为样本 A_i 的聚类中心的适合程度，同时也让样本 A_k 明确样本 A_i 认为其他样本作为其聚类中心的适合程度；$a(i,k)$ 表征样本 A_i 选择样本 A_k 作为其聚类中心的适合程度，即让样本 A_i 明确样本 A_k 作为其聚类中心的适合程度，同时也让样本 A_i 明确样本 A_k 作为其他样本聚类中心的适合程度。$r(i,k)$ 和 $a(i,k)$ 的物理意义可由图 4-8 清晰地说明。

4. 时频脉冲信号特征提取

通过 ST 和 APC 的分离算法，多放电源的脉冲可以被划分为多个子脉冲群，每个子脉冲群内的 PD 脉冲均来自同一局部放电源。当多放电源脉冲被分离后，可以通过指纹特征提取和智能分类器实现局部子脉冲群所属的局部放电类别。PRPD 模式下的统计指纹是目前应用最广泛、最有效的单一缺陷识别方法，这些指纹特征从二维统计图谱计算得到，具有代表性的局部放电二维统计图谱如下：

（1）$H_{qmax}(\varphi)$：最大放电量-相位分布图谱；

（2）$H_{qave}(\varphi)$：平均放电量-相位分布图谱；

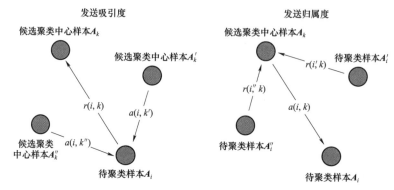

发送吸引度

发送归属度

图 4-8 吸引度和归属度示意图

（3）$H_n(\varphi)$：放电次数-相位分布图谱；

（4）$H_n(\varphi)$：放电次数-放电量分布图谱。

图 4-9 给出了局部放电 PRPD 分布及其四个统计图谱的一个实例。上述图谱的形状主要由局部放电对应的缺陷类型决定，即不同类型局部放电具有相互区分

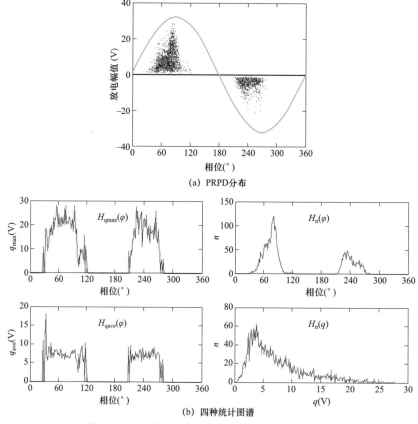

(a) PRPD分布

(b) 四种统计图谱

图 4-9 局部放电的 PRPD 分布及其统计图谱

的图谱形状。图谱的形状可以由一定的参数进行量化描述，从图 4-9（b）所示的四个统计图谱中可提取偏斜度 ku、陡峭度 sk、峰值个数 peaks、不对称度 asy 以及相关系数 cc 等 27 维统计算子作为描述局部放电特性的指纹特征，见表 4-4。

表 4-4　　　　　　　　　　　局部放电统计图谱的指纹特征

统计算子	$H_{qmax}(\varphi)$		$H_{qave}(\varphi)$		$H_n(\varphi)$		$H_n(q)$
	+	−	+	−	+	−	
ku	√	√	√	√	√	√	√
sk	√	√	√	√	√	√	√
peaks	√	√	√	√	√	√	—
asy		√		√		√	—
cc		√		√		√	—

4.2.4　缺陷类型识别训练

支持向量机是一种基于数学统计理论和结构风险最小化准则的新型机器学习技术，能够有效克服传统分类器的"过拟合"和"维数灾"的问题，并且具有较好的泛化能力。SVM 能够为各种复杂问题（训练样本少、非线性、高维特征等）提供全局最优解。

SVM 最初的提出是为了解决二分类问题。假设训练样本集为 $\{x_i, y_i\}$，$i = 1, 2, \cdots, n$，其中 x_i 为输入向量，$y_i \in \{-1, 1\}$ 为类标签。SVM 的目标是确定一个能够将两类数据能够没有错误地分开的超平面 $w \cdot x + b = 0$，其中，x 表征最优超平面上的点，w 决定了超平面的方向，b 为偏移量。SVM 的训练过程即是寻找能够使两类样本之间距离最大的最优超平面，可以由如下优化问题表示：

$$\min_{w,\xi} \left(\frac{1}{2} \| w \|^2 + c \sum_{i=1}^{n} \xi_i \right) \tag{4-26}$$

$$\text{s.t.} \begin{cases} y_i(w \cdot x_i + b) \geqslant (1 - \xi_i) \\ \xi_i \geqslant 0 \end{cases} \quad i = 1, 2, \cdots, n \tag{4-27}$$

式中　c——惩罚因子，$c > 0$；

　　　ξ_i——松弛变量。

ξ_i 表征对训练样本的分类错误率，当出现分类错误时，$\xi_i > 0$。

SVM 分类器的分类结果可以由如下决策函数计算：

$$y(x) = \text{sign}\left(\sum_{i=1}^{n} \alpha_i y_i K(x, x_i) + b \right) \tag{4-28}$$

式中 α_i——拉格朗日乘子，$\alpha_i \geqslant 0$；

$K(x, x_i)$——核函数，$K(x, x_i) = \varphi(x) \cdot \varphi(x_i)$。

在输入空间内的线性边界无法区分两类样本时，通过核函数 $K(x, xi)$ 的非线性映射函数 $\varphi(x)$ 将原始数据从 N 维输入空间投影至 Q 维特征空间。截至 2023 年 3 月 1 日，共提出了多种核函数，如多项式核函数、径向基核函数等。

径向基函数（radial basis function，RBF）被广泛用于来构建 SVM 模型，见式（4-29）。

$$K(x, y) = \exp(-|x - y|^2 / 2\sigma^2) \qquad (4-29)$$

式中，核参数 σ 为正实数。

在 SVM 分类器中，核参数 σ 和惩罚因子 c 对分类效果有重要的影响，采用粒子群优化算法（particle swarm optimization，PSO）算法优化 SVM 参数 g 和 c。为方便描述，将基于 PSO 优化 SVM 参数的分类器表示为 PSO-SVM。PSO 的种群粒子由 g 和 c 构成，由 SVM 的交叉验证识别率得到每个粒子的适应度，参数整个的优化过程如图 4-10 所示。

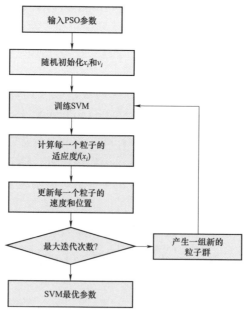

图 4-10 PSO 优化 SVM 参数的流程图

分类器是实现分离后的局部放电单一源数据缺陷类型识别的重要工具，采用 PSO-SVM 分类器完成这一步骤。PSO 和 SVM 的相关参数见表 4-5。基于 G、S、C、I 类放电的单一缺陷模型的 40 组样本，提取指纹特征，构造局部放电缺陷类型识别数据库。PSO – SVM 分类器的训练即是基于已知缺陷类型的局部放电指纹特征样本，采用 PSO 对 SVM 的惩罚因子和核函数进行优化，优化过程中的 PSO 适应度变化曲线如图 4 – 11 所示。由此可以得到，PRPD 统计指纹特征输入 PSO – SVM 分类器可以取得 96.875% 的识别率，其中 $c = 1.4427$，$\sigma = 0.25833$。

表 4 – 5　　　　　　　　　　SVM 和 PSO 的相关参数

SVM 参数				PSO 参数			
参数	数值	参数	数值	参数	数值	参数	数值
c_{max}	10^3	w_{max}	0.9			c_1	1.5
c_{min}	10^{-3}	w_{min}	0.4			c_2	1.7
σ_{max}	10^3	T_{max}	200			v_{max}	5
σ_{min}	10^{-3}	m	20			v_{min}	– 5

注　c_{max} 和 c_{min} 为惩罚因子 c 的数值范围；σ_{max} 和 σ_{min} 为核参数 σ 的数值范围。

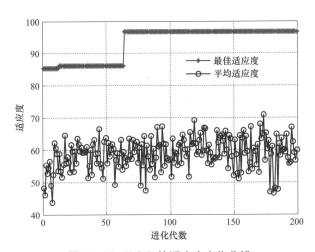

图 4 – 11　PSO 的适应度变化曲线

4.3　状态评估模型及校验

变压器综合评估模型运用热平衡模型、绝缘老化模型、过负荷模型、冷却模型的输出结果，同时结合全部实时监测数据和历史监测数据，对变压器的运行状态进行综合评估，形成变压器健康指数。基于变压器状态量模拟输入方法，将指定状态量模拟输入到智能组件中，记录智能组件根据内置状态评估模型算

法计算后的输出，与理论情况相比较，可实现对智能感知变压器状态评估模型的校验。

4.3.1 状态评估模型

1. 变压器热平衡模型

根据当前温度、负荷状态，建立变压器热平衡模型，评估变压器绕组的热点温度。热平衡模型实现原理如图4-12所示。

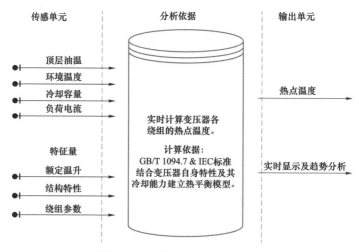

图4-12 热平衡模型实现原理

以《电力变压器 第7部分：油浸式电力变压器负载导则》（GB/T 1094.7）中绕组热点温度计算方法为依据，结合光纤绕组测温装置实时检测到的绕组热点温度数据，修正和优化绕组热点温度的软件评估计算方法，发现绕组热点温度与负荷电流、环境温度等信号，以及变压器容量、结构特性、冷却散热能力等固有参数的相关性关系，实现某一类型或某一型号变压器热平衡模型的建立。关键计算公式为

$$\theta_h = \theta_a + \left(\frac{1 + RK^2}{1 + R}\right)^X + Hg_r K^y \qquad (4-30)$$

2. 变压器绝缘老化模型

根据当前环境温度、负荷状态，结合正常情况下的热老化数据，建立变压器绝缘老化模型，评估变压器的相对寿命损失。

绝缘老化模型包含热老化与电老化，根据《电力变压器 第7部分：矿物油浸电力变压器加载指南》（Power transformers-Part 7：Loading guide for mineral-oil-immersed power transformers）（IEC 60076-7）评估变压器热老化，根据局部放电和油中气体相关数据评估变压器电老化，结合大量试验数据综合热老化和电老化结果等信息建立变压器绝缘老化模型。绝缘老化模型实现原理如图 4-13 所示，过负荷模型实现原理如图 4-14 所示，冷却模型实现原理如图 4-15 所示，变压器综合评估模型实现原理如图 4-16 所示。

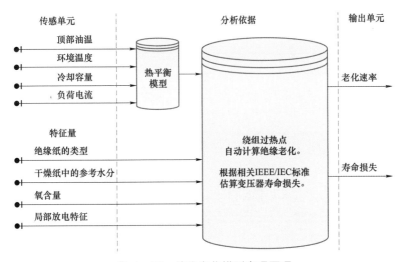

图 4-13　绝缘老化模型实现原理

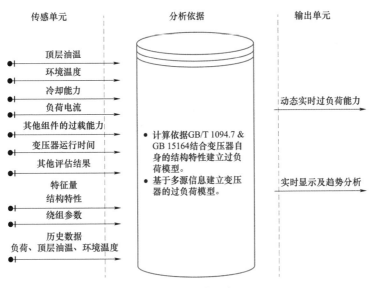

图 4-14　过负荷模型实现原理

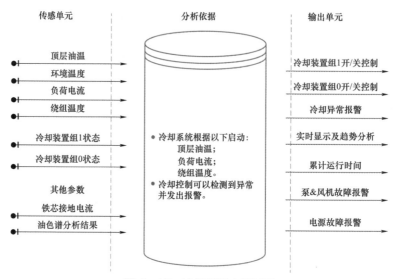

图 4-15　冷却模型实现原理

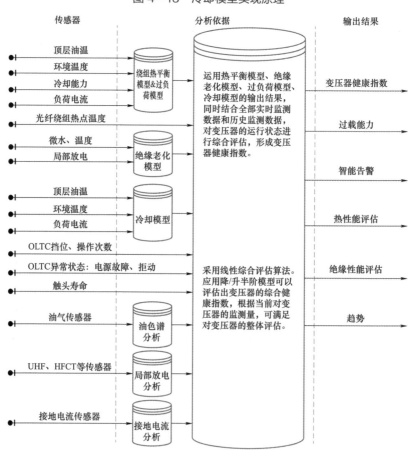

图 4-16　变压器综合评估模型实现原理

3. 变压器过负荷模型

根据当前负荷状态，结合正常情况下的负载曲线，建立变压器过负荷模型，估算变压器紧急过载能力和紧急过载时间。

在变压器热平衡模型的基础上，以 GB/T 1094.7 中过负荷评估算法为依据，同时结合光纤绕组测温装置实时检测到的绕组热点温度数据，修正和优化 GB/T 1094.7 中的过负荷评估算法，建立变压器过负荷模型，提高变压器过负荷能力的评估水平。

关键计算公式为：

$$\theta_{\mathrm{h}}(t) = \theta_{\mathrm{a}} + \left\{\Delta\theta_{\mathrm{or}} \times \left(\frac{1 + R \times K_2^2}{1 + R}\right) - \Delta\theta_{\mathrm{oi}}\right\}^X \times F(t) + \Delta\theta_{\mathrm{hi}} + \{Hg_{\mathrm{r}}K_2^y - \Delta\theta_{\mathrm{hi}}\} \times F(t)$$

$$(4-31)$$

4. 变压器冷却模型

根据当前温度、负荷状态，建立变压器冷却模型，优化变压器冷却系统控制算法，评估冷却效率。

在变压器热平衡模型的基础上，根据绕组热点温度与冷却散热能力的关联性，建立变压器冷却模型，优化变压器冷却系统控制策略。冷却模型实现原理：冷却控制策略是根据顶层油温、绕组温度、负荷电流来生成。其控制流程见图 4-17。

5. 变压器综合状态评估模型

变压器综合评估模型采用线性综合评估算法。应用降/升半阶模型可以评估出变压器的综合健康指数，根据当前对变压器的监测量，可满足对变压器的整体评估；根据当前监测量确定能诊断出的故障，并应用降/升半阶模型对故障概率进行评估，评估出变压器健康情况和当前测量变量的状态。

通过线性综合评估给变压器当前运行状态定义一个级别和评分，量化变压器的健康状态。一个优秀的评估诊断系统需要大量的故障判据作为依据，目前系统尚不具有这些判据。考虑到可以很容易得到变压器的出厂试验值和通过专家经验可以很容易地确定变压器故障数据的注意值，因此确定了线性综合评估模型。线性的评估模型需要具备评分、评级规则，为变压器状态的评估做准备。线性评估模型除了评估变压器的单个参量和综合运行状态，还可以收集变压器的故障数据，为以后完善变压器的综合评估积累大量有用数据。

（1）状态评分规则。根据评分模型中式（4-32）或式（4-33）对变压器的各个参量进行评分，其中 100 分对应于出厂值（交接值或首次预试值），或被行

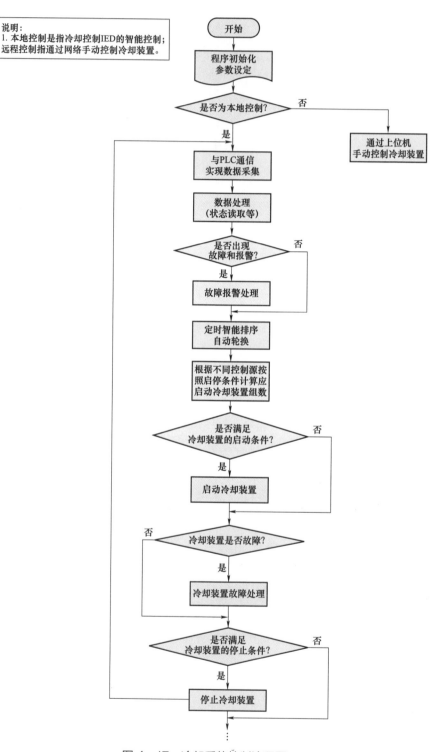

图 4-17 冷却系统控制流程图

业认可的新产品初值，而 0 分对应于注意值。再根据层次分析法确定权重，对整个变压器的运行健康状态进行百分制打分。低于 20 分表示变压器已经达到或者接近非常严重的健康异常状况，需立即维修，高于 86 分则表示所有测试数据均远离注意值，在没有经历不良工况，又没有家族质量缺陷的前提下，该设备处于正常状态，无须维护。状态评分介于 0 分与 100 分之间。变压器的状态评估采取这种评分制度，同时按照得分把其是否需要检修划分为 5 个等级：立即安排检修、尽快检修、优先安排检修、良好、优秀。虽然根据目前的技术水平，尚不能定义得分 99 的变压器的生命状态一定比得分 98 的要好，但只要评分原则合理，计分程序明确，百分制方法可满足实际需要。评分划分表见表 4－6。

表 4－6 评 分 划 分 表

评分	0～20	21～40	41～60	61～85	86～100
状态等级	E	D	C	B	A
检修状态	立即安排检修	尽快检修	优先安排检修	良好	优秀

（2）评分模型。降半梯模型和升半梯模型如图 4－18 所示。

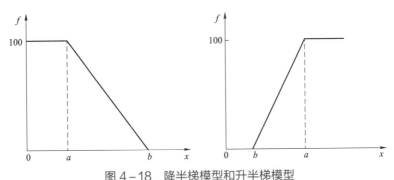

图 4－18 降半梯模型和升半梯模型

降半梯评分模型为：

$$F(x) = \begin{cases} 100, & 0 \leq x \leq a \\ 100 - \dfrac{x-a}{b-a} \times 100, & a \leq x < b \\ 0, & b \leq x \end{cases} \tag{4-32}$$

式中　a——出厂值；

　　　b——注意值；

　　　x——当前值。

对于越小越优的指标，采用此模型。

升半梯评分模型为:

$$F(x)=\begin{cases}0, & 0\leqslant x<a\\ \dfrac{x-a}{b-a}\times100, & a\leqslant x<b\\ 100, & b\leqslant x\end{cases}\qquad(4-33)$$

对于越大越优的指标,采用此模型。

下面用一个算例给出具体的评分模型。

DL/T 722 规定 220kV 变压器油中色谱分析中,各项注意值如下。

总烃 150μL/L,H_2:150μL/L,C_2H_2:5μL/L,那么 0 分就是各项的注意值。例如某台变压器在 1999 年 10 月 29 日首次预试时,总烃:1μL/L,H_2:4μL/L,C_2H_2:0μL/L。2001 年 7 月 4 日采样时,色谱分析结果为,总烃:5.55μL/L,H_2:11.33μL/L,C_2H_2:0.04μL/L,若采用降半梯评分模型,评分为 96.88、94.98、99.2。

(3)权重的确定。AHP 的核心是将决策者的经验判断给予量化,从而为决策者提供定量形式的决策依据,在目标结构复杂且缺乏必要数据的情况下更为实用。应用 AHP 方法计算指标权重系数,实际式(4-33)在建立有序递阶的指标系统的基础上,通过指标之间两两比较对系统中各指标予以优劣评判,并利用这种评判结果来综合计算各指标的权重系数。具体步骤如下:

1)构造判断矩阵,对指标间两两重要性进行比较和分析判断。矩阵用以表示同一层次各个指标的相对重要性的判断值,AHP 方法在对指标的相对重要程度进行测量时,引入了九分位的相对重要的比例标度,构成一个判断矩阵 B。矩阵中各元素 b_{ij} 表示甲指标与乙指标相比的重要性,标度定义见表 4-7。

表 4-7　　　　　　　　　　　标 度 定 义

甲与乙比	挺重要	很重要	重要	略重要	相等	略不相等	不重要	很不重要	极不重要
甲评价值	9	7	5	3	1	1/3	1/5	1/7	1/9

以电力变压器状态评估模型为例,分为指标 C1～C4,构成判别矩阵 B,见表 4-8。

表 4-8　　　　　　　　指标 C1～C4 重要性对比

指标	C1	C2	C3	C4
C1	1	1/5	1/5	1/3
C2	5	1	1/2	1/4
C3	5	2	1	2
C4	3	4	1/2	1

其中 C12＝1/5 说明指标 C1 不如指标 C2 重要。

2）对各指标权重系数进行计算。AHP 方法的信息基础是判断矩阵，利用排序原理，求得矩阵排序矢量，可计算各指标权重系数。计算步骤如下：

计算判断矩阵 **B** 的每一行元素的积：$M_i = \prod_{j=1}^{n} b_{ij}$，$i = 1, 2, 3, \cdots n$；

计算各行 M_i 的 n 此方根值：$w_i = \sqrt[n]{M_i}$　$i = 1, 2, 3, \cdots n$；

将向量$(w_1, w_2, \cdots, w_n)$归一化，$w_i = \dfrac{w_i}{\sum\limits_{j=1}^{n} w_i}$，即为所求各指标的权重系数值。

4.3.2　状态评估模型校验

1. 变压器智能组件功能校验装置

为了说明智能组件状态评价模型的校验方法，本书介绍了一套变压器智能组件功能校验装置，其系统框如图 4－19 所示。整个系统可通过软件操作，由中央处理器分别完成各功能模块的控制，实现对不同类型变压器状态信号的模拟，完成对变压器状态评价模型的有效性检验。

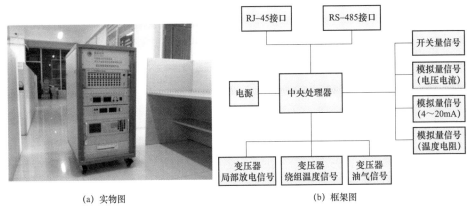

(a) 实物图　　　　　　　　　　(b) 框架图

图 4－19　变压器智能组件功能校验装置及其系统组成框架

变压器智能组件功能校验装置主要能够模拟以下信号。

（1）电压：通道数为 3，范围为 0～100V；

（2）电流：通道数为 3，范围为 0～5A；

（3）开关量：信号类型为无源干接点，通道数为 24 路，容量为 AC 250V/5A，DC 30V/5A；

（4）模拟量（4~20mA）：通道数为 8 路，功耗为 2.5W，输出范围为 4~20mA；

模拟量（温度电阻）：信号类型为 Pt100，IEC RTD 100（$a=0.00385$），通道数为 8 路，范围为 $-40~150℃$，连接方式为三线制。

变压器局部放电：信号类型为通过通信发送数据流，通道数为 4 路

变压器油气：信号类型为通过通信发送数据流，气体种类为七种（H_2、CO、CO_2、CH_4、C_2H_2、C_2H_4、C_2H_6）；

变压器绕组温度：信号类型为通过通信发送数据流，通道数为 9 路。

通过变压器智能组件功能校验装置，对智能感知变压器的各状态量进行模拟输入，可实现涵盖智能感知变压器全运行工况的状态评价模型仿真检验试验，同时还可对智能组件各种功能进行检验，为新一代智能变电站的调试与运维提供更加便捷全面的服务。

2. 热平衡模型校验方法

热平衡模型需要仿真输入环境温度、顶层油温、负荷电流信号，测试智能组件输出的评估变压器绕组热点温度是否正确。

用变压器智能组件功能校验装置上的用 2 路 4~20mA 信号模拟配置变压器顶层油温信号和环境温度信号、一路标准源电流信号模拟配置负荷电流信号，输入变压器智能组件，智能组件由内置热平衡模型算法计算绕组热点温度，然后通信给另一个智能组件 IED（一般是主 IED），主 IED 再上传至监测后台显示，记录主 IED 给出的绕组热点温度，与理论计算出的绕组热点温度做比较，即可以实现校验热平衡模型是否正确。热平衡模型校验流程如图 4-20 所示。

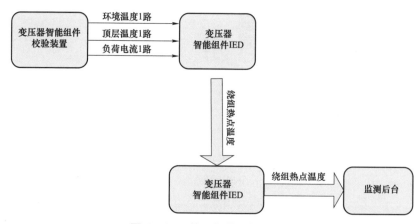

图 4-20 热平衡模型校验流程

3. 冷却控制模型校验方法

冷却模型校验需要仿真输入顶层油温、负荷电流、绕组温度信号，校验智能组件输出的对变压器冷却装置的控制信号是否正确。

用变压器智能组件功能校验装置上的用 2 路 4～20mA 信号模拟配置变压器顶层油温信号和环境温度信号、一路标准源电流信号模拟配置负荷电流信号，输入变压器智能组件，此智能组件 IED 由内置冷却模型算法计算冷却装置的投切数量，然后通信给另一个智能组件 IED（一般是主 IED），主 IED 在上传至监测后台显示，与由智能组件厂家提供的冷却模型算法理论情况做对比，即可以实现校验冷却模型对变压器冷却装置的控制结果。冷却控制模型校验流程如图 4-21 所示。

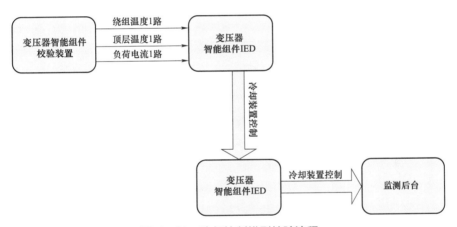

图 4-21　冷却控制模型校验流程

模拟的顶层油温信号、环境温度信号和负荷电流信号按表 4-11 所列值配置，分别校验在给定值下智能组件的冷却控制模型是否正确。此项校验可与热平衡模型校验同时进行。

4. 绝缘老化模型校验方法

绝缘老化模型校验需要仿真输入环境温度、顶层油温、负荷电流信号，以及变压器油气信号和变压器内部局部放电信号，测试智能组件输出的评估变压器热老化程度和电老化程度是否正确。

用变压器智能组件功能校验装置上的用 2 路 4～20mA 信号模拟配置变压器顶层油温信号和环境温度信号、一路标准源电流信号模拟配置负荷电流信号，输入变压器智能组件 IED，同时通过 IEC 61850 协议模拟变压器油气（七种）和变压器内部局部放电（4个UHF），输入变压器智能组件IED，此智能组件IED由内置绝缘老化模型算法计算老化程度，然后通信给另一个智能组件IED（一般是主IED），主IED再上传至监测后台显示，与由智能组件厂家提供的绝缘老化模型算法理论计算值做对比，即可实现校验绝缘老化模型。绝缘老化模型校验流程如图4-22所示。

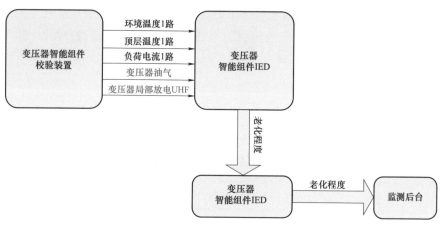

图4-22　绝缘老化模型校验流程

5. 过负荷模型校验方法

过负荷模型校验需要仿真输入环境温度、顶层油温、负荷电流信号、变压器油气信号和变压器内部局部放电信号，以及变压器的绕组温度信号。

用变压器智能组件功能校验装置上的2路4~20mA信号模拟配置变压器顶层油温信号和环境温度信号、1路标准源电流信号模拟配置负荷电流信号，输入变压器智能组件IED，同时通过IEC 61850协议模拟变压器绕组温度、变压器油气（七种）和变压器内部局部放电（4个UHF），输入变压器智能组件IED，智能组件IED由内置过负荷模型算法计算过载能力和过载时间，然后通信给另一个智能组件IED（一般是主IED），主IED在上传至监测后台显示，与由智能组件厂家提供的过负荷模型算法理论计算值做对比，此时即可以实现校验过负荷模型。过负荷模型校验流程如图4-23所示。

模拟的顶层油温信号、环境温度信号、负荷电流信号、绕组温度信号、变压器油气（七种）和变压器内部局部放电（4个UHF）信号的值由智能组件厂家提供，应涵盖表4-9所列情况，分别校验在给定值下智能组件的过负荷模型是否正确。

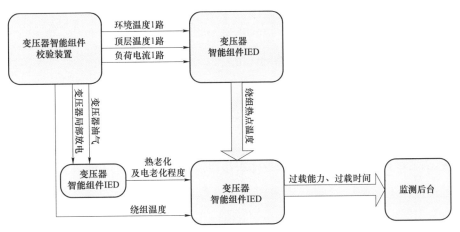

图 4 - 23　过负荷模型校验流程

表 4 - 9　　　　　　　　　过负荷模型校验给定范围

序号	老化程度	绕组热点温度	绕组温度
1	较轻	正常	正常
2			过热
3		过热	正常
4			过热
5	较重	正常	正常
6			过热
7		过热	正常
8			过热
9	很重	正常	正常
10			过热
11		过热	正常
12			过热

4.4　状态评估诊断系统

　　基于数据和模型的电力变压器状态评估诊断系统，是充分利用变压器实时监测数据，建立油浸式电力变压器状态评估、故障诊断以及寿命预测等模型，

为电网企业实现油浸式电力变压器预测性管理（prognostics and health management，PHM）提供关键性方法技术支持。

4.4.1 综合状态评估诊断流程

综合变压器当前的运行状态（温度、负荷、局部放电、油中气体等），分析变压器绝缘状态，评估绝缘水平，最终形成变压器健康指数；同时分析变压器是否故障，若出现故障则进行故障诊断，即分析故障性质和故障部位。综合评估诊断框图如图 4-24 所示，综合评估诊断流程图如图 4-25 所示。

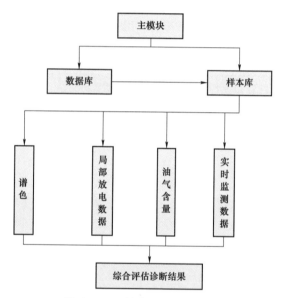

图 4-24 综合评估诊断框图

4.4.2 评估诊断系统网络拓扑结构

变压器状态评估及故障诊断系统根据变压器本体的状态参数（负荷、顶层油温、环境温度、冷却装置状态、油色谱数据等）综合评估变压器状态；根据变压器的结构、顶层油温度、环境温度、负荷参数等评估变压器热点温度和过载能力；根据变压器负荷及冷却装置状态参数等评估变压器冷却效率，制定冷却控制策略；根据变压器温度信息对变压器进行热老化评估；根据变压器实时监测数据、状态信息、结构参数等预测变压器的故障信息。

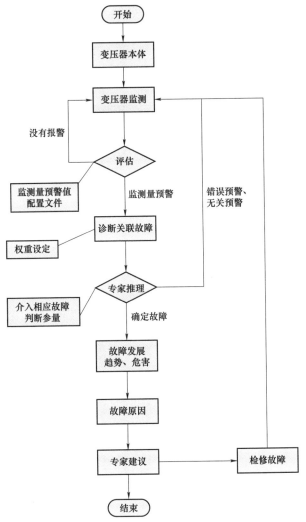

图 4-25　综合评估诊断流程图

4.4.3　评估诊断系统功能构成

变压器状态评估及故障诊断系统由七个模块组成，即参数配置模块、状态评估模块、冷却模块、热平衡模块、过负荷模块、绝缘老化模块、故障诊断模块。网络拓扑结构如图 4-26 所示，系统功能模块组成图如图 4-27 所示。

（1）参数配置模块：配置系统中热平衡、过负荷、冷却模型引用到的相应参数，以及一些变压器的基本参数及其结构参数。

（2）数据监测：通过变电站网络接口监测变压器的状态参量（如：顶层油温、底层油温、负荷、冷却装置状态、环境温度等）。

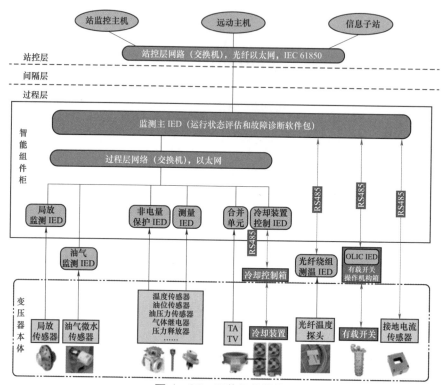

图4-26 网络拓扑结构

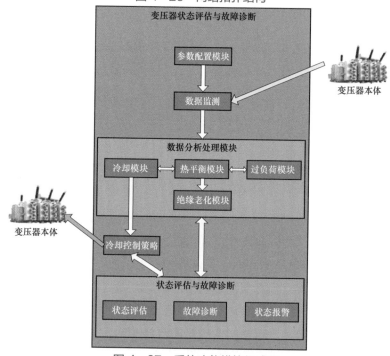

图4-27 系统功能模块组成图

（3）冷却模块：根据热点温度、环境温度、顶层油温、负荷变化情况制定变压器冷却装置控制策略，根据控制策略控制变压器冷却装置的运行。

（4）热平衡模块：根据变压器的结构特性、冷却装置的状态、顶层油温、环境温度、负荷变化等信息评估变压器的热点温度及热点位置。

（5）过负荷模块：根据变压器的冷却装置状态、顶层油温、热点温度、环境温度、历史负荷趋势、变压器运行年限、变压器相应组件最大负载能力、变压器健康状态等对变压器过负荷能力进行动态的评估以及过载极限时间的计算。

（6）绝缘老化模块：根据变压器的热点温度、顶层油温，评估变压器老化率、寿命损失等。

（7）状态评估模块：根据变压器的监测参量及变压器评估参量，对变压器参量进行报警分析及状态评估。

（8）故障诊断模块：根据变压器故障树分析方法，对变压器故障进行预测。

第5章 变压器智能感知技术工程应用

变压器智能感知技术借助传感器、控制器和智能组件，实现对变压器的测量、控制、计量、监测和保护等功能。随着检测方法、状态评估、故障诊断、设备制造等技术进步和发展，具备智能感知功能的变压器已在电力行业众多场景推广应用，取得了令人满意的成效。

5.1 智能感知变压器性能检测方法工程应用

5.1.1 智能感知变压器性能检测应用情况

变压器制造企业积极支持智能感知变压器的性能检测，积极推进相关检测工作。为保证检测的公平公正，对智能感知变压器本体的检测和整体联合调试过程采取制造商配合、专家组现场监督的形式，检测工作成效较好。

在已完成性能检测的多台智能感知变压器中，出现过多次智能组件或传感器损坏的情况，这是因为智能感知变压器联合检测不但对变压器各项参数和绝缘水平进行全面检测，同时也是对变压器传感器和智能组件进行功能和电磁防护能力的全面检测。因此在联合检测中除了需对智能感知变压器进行全面的功能调试外，还应从设计和施工上采取必要的电磁防护措施，特别是在雷电冲击试验中，虽然冲击电压施加于变压器绕组出线端，但其形成的空间电磁波对智能组件和变压器传感器特别是电子式传感器具有很大的破坏作用。在某次试验中，试验人员由于误将一根电缆屏蔽两端均接地，便导致相连的传感器在雷电冲击中被打坏。此外，由于截波冲击的干扰比全波冲击的大，在某次试验中尽管全波冲击试验没有明显影响，但进行截波冲击试验时，因直流电源装置没有经隔离变而导致直流电源内部保护动作自动切断直流，对试验造成了影响。

为提高智能组件抗雷电冲击能力，变压器智能柜柜内电气回路设计需要采取以下几个方面措施：

（1）所有与外部的通信均采用光纤，光缆如有屏蔽层，其屏蔽层应良好接地。

（2）与传感器通信如若采用 RS - 485，应使用 RS - 485 光纤转换器，光缆如有屏蔽层，其屏蔽层应良好接地。

（3）AC/DC 220V 电源入口增加浪涌保护器和（或）电磁兼容性（electromagnetic compatibility，EMC）滤波器。

（4）柜内电源部分的接地线在接地铜牌处应可靠接地，接地铜牌与柜体外壳应可靠接地。

（5）外引电源线屏蔽层一点可靠接地。

（6）智能组件装置端子与智能柜端子排端子接线应可靠，且接触电阻小。

（7）以上所有接地线接地电阻应小于 1Ω。

现场安装中相应的措施也非常重要，安装除需要正确按设计连接外，还需采取以下几个措施并按照措施进行检查：

（1）严格按照设计图纸检查接线的正确性。

（2）所有电缆采用屏蔽电缆，屏蔽层分段确保一端可靠接地。安装于变压器上的传感器，其弱电接地和外壳接地点均应单独采用专门接地线拉至变压器端子箱柜统一接地。传感器至变压器端子箱的电缆屏蔽层应在变压器端子箱接地。连接变压器端子箱和智能组件柜的屏蔽电缆，其屏蔽层宜在智能柜处单点接地。

（3）变压器本体应可靠接地。变压器本体与智能柜离接地点的距离应相近且尽量小。

（4）智能装置外壳及智能柜可靠接地。

（5）传感器金属屏蔽层应与导线屏蔽层可靠断开，且各自单点接地。

（6）交流电源和直流电源均经过隔离变压器接入。

（7）为减少电磁波传播途径，有源传感器电源进线应安装浪涌吸收器。

（8）试验时柜门应完全锁上，以最大限度地减少空间波的侵入。

（9）连接电缆与地之间有一定的安全距离或有安全的绝缘强度。

5.1.2　智能控制柜性能检测方法应用情况

在智能控制柜性能检测方法制定发布后，受到国内智能控制柜制造企业的大力支持与配合，纷纷报名参加检测，并逐渐从变压器智能控制柜企业扩展到了高压设备智能控制企业。

户外智能控制柜可分为单舱柜、双舱柜和三舱柜三种类型。在测试过程中一些企业的控制柜出现了一系列不符合要求的问题，例如有些企业的控制柜在

做低温测试时控制柜底部与顶部间的温差达到了 40℃以上，有些控制柜在做电磁屏蔽测试时性能很差，为了提高智能控制柜的综合性能，智能控制柜在生产设计中宜采取以下措施：

（1）控制柜底部应通过安装风扇等方法，加速柜内空气流动均衡柜内温差，使柜内温差不大于 10℃。

（2）柜体尺寸应符合相关推荐的尺寸要求。

（3）组件布置顺序宜按合并单元、智能终端、继电保护装置、测控装置、主 IED 及状态监测 IED、模拟接线面板、硬压板、过程层交换机的顺序自上而下依次排列布置。

（4）双重化配置时，宜采用左侧第一套、右侧第二套的布置方式，并实现电气隔离。

（5）端子排宜布置于屏（柜）两侧，采用纵向排列，预置电缆连接器宜布置在端子排下方。

（6）电源断路器宜布置于屏（柜）顶部，采用横向排列。

（7）光纤配线单元等宜布置于屏（柜）靠下部位置。

（8）柜内应提供开关设备操作机构用 AC 220V 或 AC 380V 电源及独立断路器；提供空调设备、热交换器、加热器、风扇、照明等设备用 AC 220V 或 AC 380V 电源及独立断路器。提供 AC 220V 三孔插座。

（9）柜内应通过添加导电泡棉条等方法提高电磁屏蔽性能。

5.2 智能感知变压器一体化设计的工程应用

5.2.1 智能感知变压器一体化设计实例

为了解决智能感知变压器安装位置和数量受限、监测装置及其传感器与变压器本体相容性不佳等问题，提出了变压器与传感器一体化融合设计技术。在变压器进行结构设计和电磁设计的初始阶段，综合考虑各种传感器与变压器本体的相容性，保证变压器整体的机械强度和电气绝缘性能；在变压器的试验阶段，对安装传感器后的变压器进行整体试验测试，进一步保证安装传感器后变压器的安全可靠性。下面结合智能感知变压器一体化设计实例进行介绍。

1. 传感器分布

在变压器设计的初始阶段，采用传感器与本体一体化融合设计技术，综合考虑各种传感器的安装位置和数量，以及与变压器本体的相容性；可以达到安装简便、监测准确和快速反应变压器可能出现的过热、放电、机械类故障等缺陷，同时不影响变压器本体安全运行的目的，有效延长了变压器的使用寿命，使电网的稳定性得到了加强。图 5－1 显示了智能感知变压器与传感器融合的分布情况。

图 5－1　智能感知变压器与传感器融合分布图

A—油位传感器；B—顶层油温传感器；C—光纤测温传感器；D—油气传感器；E—底层油温传感器；

F—内置 UHF 局部放电传感器；G—外置超声传感器；H—HFCT 高频电流传感器；

I—油压力传感器；J—振动传感器；K—铁芯接地电流传感器

注：Ⓖ 虚线圆圈表示传感器被冷却装置遮挡。

2. 验证试验

为验证采用一体化融合技术前后传感器性能的变化，以振动传感器为例，将振动传感器与变压器融合设计，变压器容量为 31.5MVA，电压等级为 110kV，三相三绕组设计，冷却方式为油浸自冷。

按照变压器电压等级对振动传感器进行高压绝缘处理，实现高低压隔离，使其能够承受变压器运行时的强电场干扰；并对振动传感器进行电磁屏蔽处理，用以满足电磁兼容的需要，保护监测信号不受电场和磁场的影响，保护变压器内部磁场不受传感器的影响。图 5－2 是采用传感器一体化融合技术后，在 100%负载下的振动波形和频率分布图；图 5－3 是未采用传感器一体化融合技术，在 100%负载下的振动波形和频率分布图。

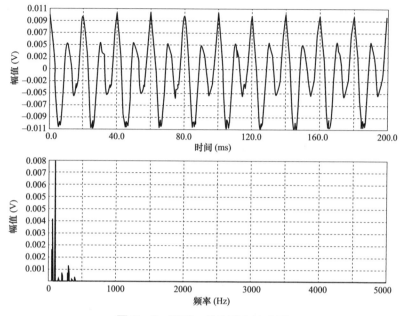

图 5-2　采用一体化融合技术后

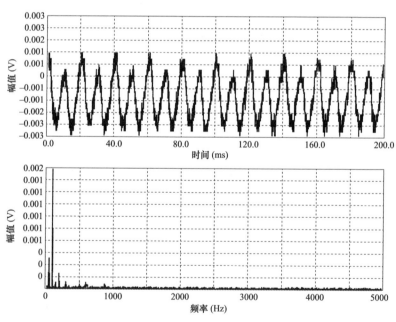

图 5-3　未采用一体化融合技术

经过对振动波形和展开频谱的对比，可知采用传感器与变压器本体一体化融合技术后，变压器运行产生的电磁干扰对振动传感器的影响大幅降低，使振动传感器监测信号更有效和准确。

5.2.2　智能感知变压器研制实例

智能感知变压器主要包括变压器本体、智能组件 IED 和传感器、后台状态分析及故障诊断系统等，在出厂试验环节对智能组件进行了一体化测试和试验验证。

1. 变压器本体及智能组件研制

在智能感知变压器中，各种状态传感器将信号实时采集并传输到对应的监测装置，监测装置进行信号处理分析后将结果上报智能感知单元。简单的信号直接进入智能感知单元，智能感知单元根据实时采集的信号和各监测装置的分析结果来完成对变压器当前运行状态的综合评估诊断。

智能感知组件系统按照 IEC 61850 标准统一组网，然后由智能感知单元通过光纤以太网按照 IEC 61850 标准上报站控层，详见图 5 - 4。

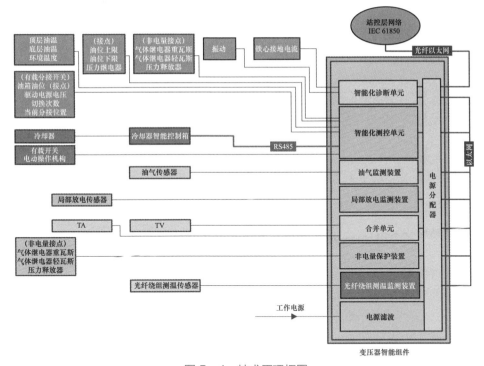

图 5 - 4　技术原理框图

变压器本体的技术数据如下。

型号：SSZ - 50000/110；

代号：1TB.715.0121.1；

工作号：3T27；

额定容量：50/50/50MVA；

额定电压：110/38.5/10.5kV；

额定电流：高压（HV）为 262.4A，中压（MV）为 749.8A，低压（LV）为 2749.3A；

额定频率：50 Hz；

冷却方式：ONAN。

110kV 智能感知变压器 IED 配置及主要功能见表 5-1。

表 5-1　　　　　　　　　　IED 配置及主要功能

序号	IED 名称	主要功能描述	传感器配置
1	智能感知诊断单元	完成全部监测参数的信息聚合和综合评估分析，并将结果报送后台	
2	智能感知测控单元	完成油压力、油温、油位等参数的监测，OLTC 的监控	
3	局部放电监测单元	监测变压器内部局部放电信号	高压和低压侧箱壁各 2 个 UHF，铁芯、夹件接地线上各一个 HFCT
4	合并单元	监测高压侧电压、电流信号	
5	非电量保护单元	监测非电量保护信号	
6	油色谱监测单元	监测变压器油中溶解气体	
7	铁芯接地电流监测装置	监测铁芯接地电流信号	铁芯接地线上一个
8	夹件接地电流监测装置	监测夹件接地电流信号	夹件接地线上一个
9	光纤绕组测温监测单元	监测变压器绕组温度信号	三相绕组的高、中、低压绕组分别埋置 1 个，共 9 个点
10	振动监测装置	监测变压器振动信号	油箱侧壁，1 个
11	过程层交换机	完成 IED 间信息交换	

各智能组件 IED 在组件柜内前面板的布置如图 5-5 所示，各 IED 在智能控制柜内的实际布置照片如图 5-6 所示。

2. 智能感知变压器状态监控系统研制

针对变压器状态监控系统的复杂性、实时性要求，采用 Microsoft Visual Studio .NET 2008 开发服务器管理平台，采用 Adobe flash Builder 3 进行界面设计和类格子算法，使整个软件更直观、美观、实用。

采用三层架构来设计变压器状态监控系统，把监控系统的整个业务应用划分为表现层、业务逻辑层、数据访问层。表现层就是展现给用户的界面，即用户在使用时的所见所得；业务逻辑层针对具体问题的操作，也可以说是对数据层的操作，对数据业务逻辑处理；数据访问层所做事务直接操作数据库，针对数据的增添、删除、修改、查找等。如图 5-7 为后台软件的三层架构设计图。

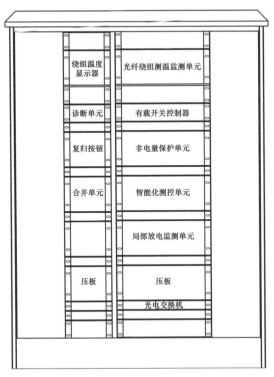

图 5-5　智能组件 IED 的布置图

图 5-6　各智能组件 IED 的实际布置

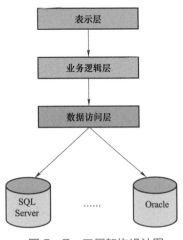

图 5-7　三层架构设计图

采用三层架构设计的优点：

（1）开发人员可以只关注整个结构中的其中某一层；

（2）可较容易地用新的实现来替换原有层次的实现；

（3）可降低层与层之间的依赖；

（4）有利于标准化；

（5）利于各层逻辑的复用。

变压器三维模型以 110kV 电力变压器为蓝本，用 3D max 软件进行建模（部分模型采用 Solid Works 模型直接导出 3D max 格式），设计流程图如图 5−8 所示。三维模型建立后在变压器后台监测主界面中可以使用，详细反映每一个传感器的安装位置。变压器三维模型效果图如图 5−9 所示。

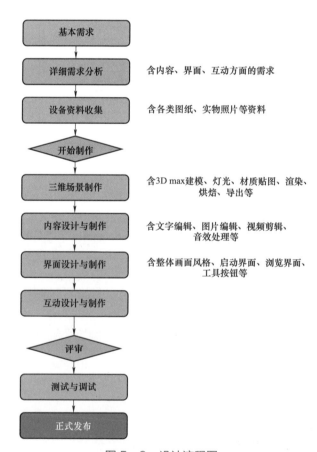

图 5−8　设计流程图

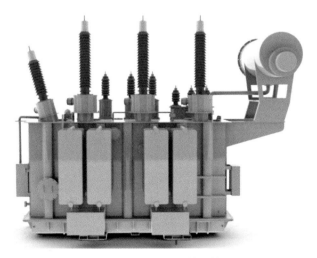

图 5-9　变压器三维模型效果图

主界面显示智能感知变压器各个主要实时数据，右侧关键参数栏显示智能组件状态，绿色为正常状态，红色为故障状态，界面下部分风扇显示智能感知变压器风机运行状态。主界面如图 5-10 所示。

图 5-10　主界面

温度负荷监测界面展示光纤绕组测温实时数据，界面实时曲线部分展示温度曲线，可以观察温度变化趋势。温度负荷监测界面如图 5-11 所示。

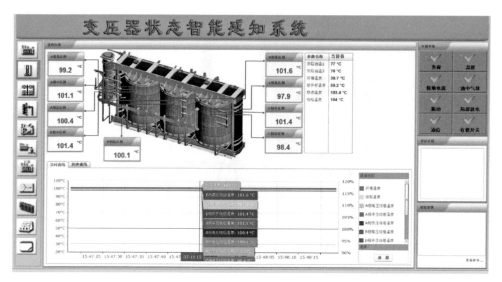

图 5-11　温度负荷监测界面

局部放电监测界面显示了各个局部放电传感器测量到的数据，界面实时曲线部分显示局部放电变化曲线，可观察局部放电变化趋势。局部放电监测界面如图 5-12 所示。

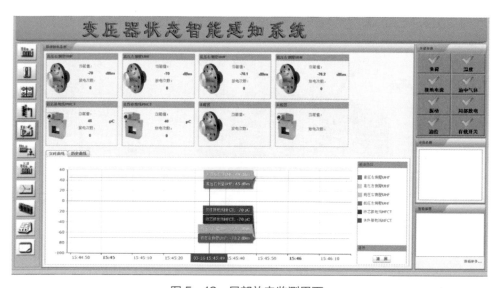

图 5-12　局部放电监测界面

油气监测界面通过大卫三角形显示监测到的变压器油中气体含量，实时数据部分直观显示了各气体所占比重。油气监测界面如图 5-13 所示。

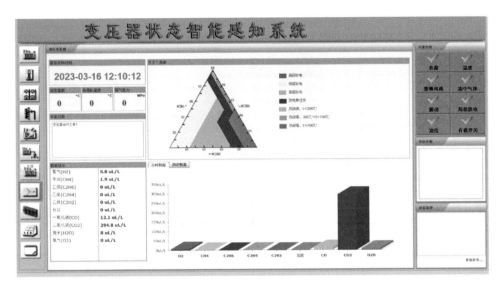

图 5-13　油气监测界面

接地电流监测界面显示铁芯和夹件接地电流数值以及实时变化曲线，如图 5-14 所示。

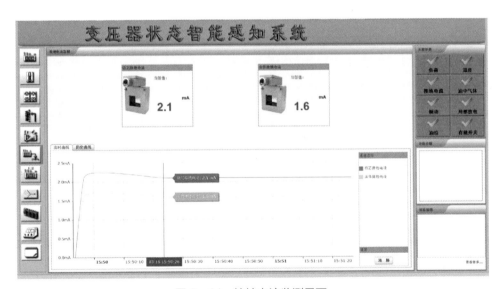

图 5-14　接地电流监测界面

有载开关监测界面显示有载开关挡位的相关状态，同时可通过升压、降压按钮来远程调节有载开关挡位。有载开关监控界面如图 5-15 所示。

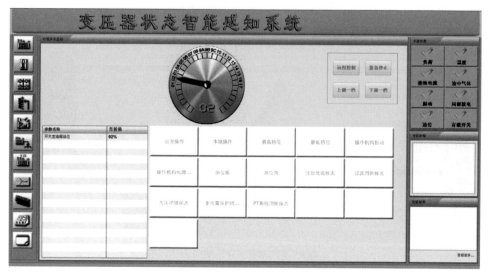

图 5-15　有载开关监控界面

　　冷却装置监控界面显示了风机的运行状态，设计上实现了远程控制各组风机的启停，如图 5-16 所示。

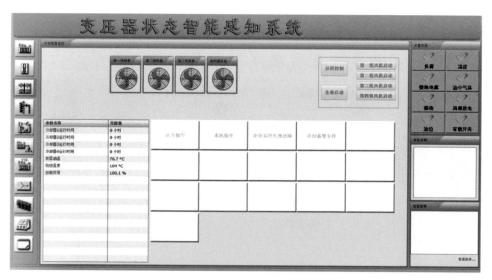

图 5-16　冷却装置监控界面

5.2.3　智能感知变压器工程应用

1. 整体联合调试

　　在进行智能感知变压器整体联调试验前，所有传感器和智能组件应已安装完毕，传感器、智能组件、监测后台均已完成线缆连接且测试正常。智能控制柜与变压器本体距离不大于现场情况，应采用单独电源和接地。试验前所有智能组件均处于带电正常运行状态。

在联调试验期间，测量 IED、各监测 IED 及承担监测功能的各控制 IED 至少采集一组完整的数据，并完成一次完整的信息交互流程，要求信息交互功能正常，监测参量的技术指标符合要求；各控制 IED 应能接收模拟站控层设备发送的所有控制指令，并成功控制受控组（部）件的操动或运行、正确反馈控制状态。通过手动方式，测试非电量保护 IED，要求动作输出信号正常、信息流正常。

图 5-17 雷电冲击试验现场

试验现场图如图 5-17～图 5-19 所示。

图 5-18 空负载试验现场图

图 5-19 温升试验现场

在出厂联调试验中，试验项目按照智能感知变压器性能检测方法及整体联调试验方法进行。主要试验项目及结果如下。

（1）局部放电试验。图 5-20 为内置特高频局部放电传感器安装照片，图 5-21 为其中一个内置特高频局部放电传感器的安装位置。表 5-2～表 5-4 记录了单相施加电压的相对地试验。

图 5-20　内置特高频局部放电传感器　图 5-21　特高频局部放电传感器安装位置

表 5-2　　　　　　　　　　　局部放电监测试验数据记录

A 相测量结果						
	测量位置	$1.1U_m$	$1.3U_m$	U_1 放电量	$1.3U_m$	$1.1U_m$
局部放电监测单元数据	铁芯接地线	45pC	44pC	45pC	47pC	43pC
	夹件接地线	48pC	51pC	52pC	53pC	54pC
	高压侧超高频 1	−70.2dBm	−70.2dBm	−70.3dBm	−70.2dBm	−70.1dBm
	高压侧超高频 2	−70.1dBm	−70.2dBm	−70.3dBm	−70.1dBm	−70.0dBm
	低压侧超高频 1	−70.1dBm	−70.2dBm	−70.3dBm	−70.1dBm	−70.1dBm
	低压侧超高频 2	−70.0dBm	−70.0dBm	−70.1dBm	−70.0dBm	−70.0dBm
局部放电仪读数	A 相	44pC	68pC	—	60pC	61pC

表 5-3　　　　　　　　　　　局部放电监测试验数据记录

B 相测量结果						
	测量位置	$1.1U_m$	$1.3U_m$	U_1 放电量	$1.3U_m$	$1.1U_m$
局部放电监测单元数据	铁芯接地线	46pC	41pC	41pC	43pC	41pC
	夹件接地线	51pC	47pC	50pC	48pC	47pC
	高压侧超高频 1	−70.3dBm	−70.3 dBm	−70.4dBm	−70.3dBm	−70.2dBm
	高压侧超高频 2	−70.0dBm	−70.0dBm	−70.2dBm	−70.1dBm	−70.0dBm
	低压侧超高频 1	−70.2dBm	−70.2dBm	−70.3dBm	−70.1dBm	−70.1dBm
	低压侧超高频 2	−70.0dBm	−70.1dBm	−70.2dBm	−70.1dBm	−70.0dBm
局部放电仪读数	B 相	49pC	64pC	—	65pC	53pC

表 5-4　　　　　　　　　　局部放电监测试验数据记录

C 相测量结果						
	测量位置	$1.1U_m$	$1.3U_m$	U_1 放电量	$1.3U_m$	$1.1U_m$
局部放电监测单元数据	铁芯接地线	54pC	56pC	51pC	53pC	59pC
	夹件接地线	57pC	57pC	51pC	52pC	63pC
	高压侧超高频 1	-70.1dBm	-70.1dBm	-70.2dBm	-70.1dBm	-70.0dBm
	高压侧超高频 2	-70.1dBm	-70.1dBm	-70.3dBm	-70.1dBm	-70.0dBm
	低压侧超高频 1	-70.0dBm	-70.1dBm	-70.2dBm	-70.1dBm	-70.1dBm
	低压侧超高频 2	-70.0dBm	-70.0dBm	-70.1dBm	-70.1dBm	-70.0dBm
局部放电仪读数	C 相	54pC	63pC	—	62pC	58pC

分析数据试验获得的数据，可得到以下结论：

1）按照《电力变压器》（GB/T 1094）系列标准，对装配好智能组件的变压器进行局部放电试验，在试验过程中局部放电监测单元同时监测和采集局部放电状态。整体试验表明，变压器本体局部放电远小于 GB/T 1094 系列标准，在线监测数据与局部放电仪检测的数据也有较好的相关性。

2）由于铁芯接地和夹件接地线上采用了 HFCT，与传统的脉冲电流法检测原理近似，测试数据有很好的一致性。

（2）有载开关试验。有载分接开关控制功能测试项目见表 5-5 所示，试验数据记录见表 5-6。

表 5-5　　　　　　　　　　有载分接开关控制功能测试项目

序号	试验项目	技术要求
1	挡位显示检查	完成　次 OLTC 完整周期的切换，OLTC 的每一个挡位与 IED 显示的挡位一致
2	手动调压操作检查	由后台手动向 IED 发出一次操作指令（升压/降压），电动操动机构能带动 OLTC 自动完成一次挡位的完整切换
3	过流闭锁功能检查	IED 可设置过流（50%~200%额定电流）闭锁值，当测量电流值超出该定值时，OLTC 操作应闭锁
4	欠压闭锁功能检查	IED 可设置欠压（60%~100%设定电压）闭锁值，当测量电压值超出该定值时，OLTC 操作闭锁

表 5-6　　　　　　　　　　有载分接开关控制功能测试记录

序号	试验项目	试验结果
1	挡位显示检查	正常
2	手动调压操作检查	正常
3	过流闭锁功能检查	正常
4	欠压闭锁功能检查	正常

（3）温升试验。光纤绕组测温监测单元记录 9 个通道的绕组温度数据，同时智能感知诊断单元利用热平衡模型评估绕组的热点温度。数据见表 5-8 和表 5-9。

智能感知测控单元、合并单元、振动监测 IED 分别连续记录数据，其中合并单元记录高压侧电流数据，由于三相负载率相同，因此这里仅取 A 相的负载率；智能感知测控单元记录顶层油温度和环境温度；振动监测 IED 记录振动加速度的幅值；复合式接地电流传感器记录铁芯和夹件的接地电流。光纤引出法兰和光纤引出防护罩如图 5-22～图 5-24 所示。试验过程及实验数据记录见表 5-7～表 5-9。

  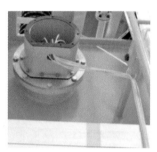

图 5-22　光纤引出法兰（内）　图 5-23　光纤引出法兰（外）　图 5-24　光纤引出防护罩

表 5-7　　　　　　　　　　　　试 验 过 程

试验名称	负荷变化情况	开始时间	截止时间	用时
温升试验	1.0 倍额定电流	2023-3-10 1:00	2023-3-10 8:30	7h30min

表 5-8　　　　　　　　　　　温升试验数据记录 1

时间	A 相			B 相			C 相			热点温度
	HV	MV	LV	HV	MV	LV	HV	MV	LV	
2023-3-10 1:00	62.5	66.1	62.4	61.4	66.5	65.2	60.8	64.0	61.2	67.0
2023-3-10 1:30	83.3	80.0	79.2	84.8	82.4	85.3	79.5	81.9	79.1	85.8
2023-3-10 2:00	92.9	86.9	87.2	96.0	91.5	95.6	86.4	88.2	85.6	91.7
2023-3-10 2:30	95.6	95.5	92.7	98.4	97.3	99.8	90.7	93.1	90.1	96.0
2023-3-10 3:00	98.6	95.4	94.1	99.7	100.6	102.2	94.0	97.0	93.6	99.1
2023-3-10 3:30	101.5	98.5	97.0	102.3	102.5	104.4	96.3	100.2	96.3	101.6
2023-3-10 4:00	103.4	101.1	99.2	104.4	103.6	106.1	98.4	101.4	97.9	103.4
2023-3-10 4:30	105.0	103.2	101.0	106.5	105.3	108.0	100.3	103.1	99.7	105.0
2023-3-10 5:00	106.4	104.2	102.1	103.5	105.6	106.6	102.0	104.4	101.1	106.2

续表

时间	A 相			B 相			C 相			热点温度
	HV	MV	LV	HV	MV	LV	HV	MV	LV	
2023 - 3 - 10 5:30	107.1	104.9	102.8	104.5	106.0	107.4	102.8	105.0	101.8	107.1
2023 - 3 - 10 6:00	107.8	104.8	103.1	105.4	106.7	108.2	103.7	105.4	102.5	107.8
2023 - 3 - 10 6:30	108.7	104.6	103.5	106.2	107.6	109.0	104.4	105.7	102.9	108.3
2023 - 3 - 10 7:00	109.2	104.7	103.7	106.6	107.8	109.3	104.9	106.1	103.4	108.7
2023 - 3 - 10 7:30	109.7	104.8	104.0	107.7	108.3	110.2	105.4	106.9	104.0	109.1
2023 - 3 - 10 8:00	109.9	104.9	104.2	107.2	108.4	110.0	105.7	106.6	104.0	109.4
2023 - 3 - 10 8:30	109.3	105.1	104.0	106.3	107.9	109.2	105.9	107.1	104.4	109.4

表 5 - 9　　　　　　　　温升试验数据记录 2

时间	负载率（%）	环境温度（℃）	顶层油温（℃）	振动幅值（m/s²）	振动主频（Hz）	铁芯接地电流（mA）	夹件接地电流（mA）
2023 - 3 - 10 1:00	103	27.8	37.0	1.82	100	2.1	1.6
2023 - 3 - 10 1:30	103	28.0	48.7	1.81	100	2.1	1.6
2023 - 3 - 10 2:00	103	28.6	57.1	1.66	100	2.1	1.6
2023 - 3 - 10 2:30	103	29.0	62.9	1.54	100	2.1	1.6
2023 - 3 - 10 3:00	103	29.5	66.9	1.64	100	2.1	1.6
2023 - 3 - 10 3:30	103	29.8	69.9	1.65	100	2.1	1.6
2023 - 3 - 10 4:00	103	30.0	72.0	1.70	100	2.1	1.6
2023 - 3 - 10 4:30	103	30.2	73.7	1.76	100	2.1	1.6
2023 - 3 - 10 5:00	103	30.2	75.1	1.75	100	2.1	1.6
2023 - 3 - 10 5:30	103	30.2	76.0	1.76	100	2.1	1.6
2023 - 3 - 10 6:00	103	30.4	76.7	1.80	100	2.1	1.6
2023 - 3 - 10 6:30	103	30.6	77.2	1.78	100	2.1	1.6
2023 - 3 - 10 7:00	103	30.6	77.7	1.75	100	2.1	1.6
2023 - 3 - 10 7:30	103	30.7	78.1	1.81	100	2.1	1.6
2023 - 3 - 10 8:00	103	30.7	78.4	1.85	100	2.1	1.6
2023 - 3 - 10 8:30	103	30.1	78.4	1.92	100	2.1	1.6

　　1）温升数据分析。根据热平衡模型可以实时计算绕组热点温度，图 5 - 25 说明了热点温度实测值与计算值对比。两条曲线在负载突变时存在较大误差，约为 5K；但是当负载稳定后，两条曲线的吻合度很好，误差在 1K 之内。

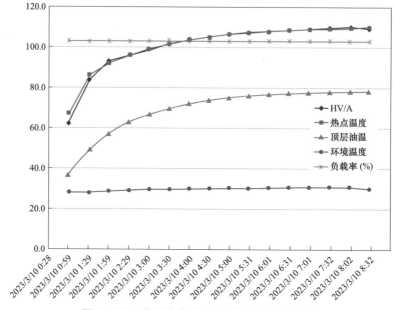

图 5-25　绕组热点温度实测值与计算值对比

2）油中气体数据分析。在温升试验前后进行了取油样离线的油色谱分析，分析结果见表 5-10，数据正常。同时在线油气监测单元进行了在线数据记录，数据见表 5-11，监测数据正常。从表 5-10 和表 5-11 油中气体的监测数据看，气体增长率和气体含量均未见异常，表明此台变压器内部绝缘正常，无放电和过热现象。

表 5-10　　　　　　离 线 油 色 谱 数 据（μL/L）

时间段	H_2	CO	CO_2	CH_4	C_2H_4	C_2H_6	C_2H_2	H_2O	总烃
温升前	5.8	12.12	294.8	1.9	0	0	0	2	1.9
温升后	7	21.8	268.5	2.9	0	0	0	2	2.9

表 5-11　　　　　　在 线 油 气 监 测 数 据（μL/L）

时间段	H_2	CO	CO_2	CH_4	C_2H_4	C_2H_6	C_2H_2	H_2O	总烃
温升前	11.4	32.6	240	1.51	0	0	0	2	1.51
温升后	12.7	31.3	226	2.38	0	0	0	2	2.38

3）接地电流数据分析。图 5-26 所示的曲线是根据表 5-9 中铁芯和夹件接地电流数据生成。

在整个温升试验过程中，铁芯接地电流一直稳定在 2.1mA，夹件接地电流一直稳定在 1.6mA，数据正常。

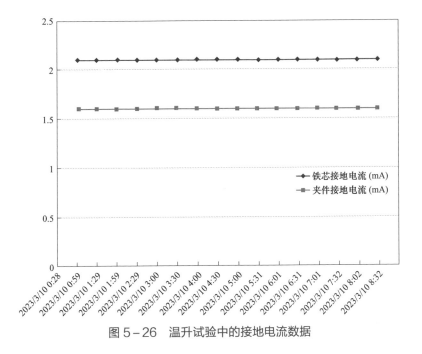

图 5－26　温升试验中的接地电流数据

4）振动数据分析。根据表 5－9 中铁芯和夹件接地电流数据，生成图 5－27 所示的曲线。

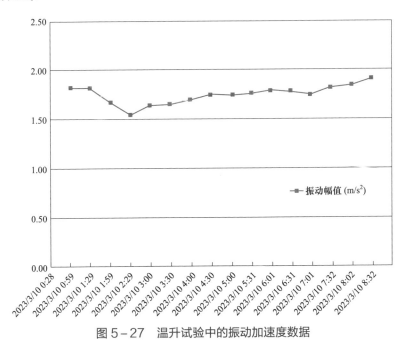

图 5－27　温升试验中的振动加速度数据

在整个温升试验过程中，振动加速度幅值一直在 1.5～2.0m/s²，振动信号主频为100Hz，说明变压器内部无机械性故障，数据正常。

2. 现场安装与调试

该110kV智能感知变压器自2022年6月11日投入运行至今，整套系统设备运行正常，并取得了大量的现场运行数据，系统并且对数据进行了综合评估，评估，结果表明变压器运行状态良好。智能感知变压器整体运行照片如图5-28所示。

图5-28 智能感知变压器整体运行照片

光纤测温传感器需要嵌入变压器绕组内部，绕组撑条绝缘垫块上开槽，光纤探头安放在槽中，内部光纤引出到变压器油箱箱壁上的光纤贯通器，图5-29是安装完成后的内部光纤照片，共集成9个光纤测温探头。外部光纤从贯通器引到光纤绕组测温监测IED，光纤的引出线法兰如图5-30所示。

图5-29 安装完成的内部光纤照片

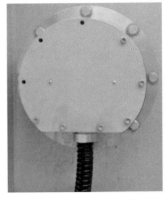

图 5-30　光纤绕组测温探头出线法兰

光纤测温探头的埋置位置：在变压器高、中、低压每个绕组分别埋置 1 个光纤探头（共 9 个），然后经过在变压器油箱上的光纤贯通器法兰将信号引出。光纤探头埋置位置见表 5-12。

表 5-12　　　　　　　　　　　光 纤 探 头 埋 置 位 置

埋置位置	数量
高压侧 A、B、C 三相绕组热点位置	每个绕组一支，共 3 支
中压侧 Am、Bm、Cm 三相绕组热点位置	每个绕组一支，共 3 支
低压侧 a、b、c 三相绕组热点位置	每个绕组一支，共 3 支

油气传感器安装在变压器油箱预留阀门（见图 5-31 中红圈内）上，能在变压器不停电的条件下进行采样。

局部放电传感器同时采用两种局部放电传感器，即内置 UHF 局部放电传感器、HFCT 高频电流传感器。内置 UHF 局部放电传感器嵌入变压器油箱，高低压侧各 2 个，靠近变压器绕组端部位置。现场安装照片如图 5-32 所示。HFCT 高频电流传感器根据实际变压器结构情况，在变压器铁芯、夹件接地电流铜排处，通过安装支架固定在变压器箱壁预留安装板上。HFCT 传感器与工频接地电流传感器采用一体化复合方式，可同时监测高频局部放电信号和工频接地电流信号。现场安装照片如图 5-33 所示。

图 5-31　油色谱监测装置

图 5-32　内置 UHF 局部放电传感器
现场安装照片

图 5-33　复合式接地电流传感器
现场照片

图 5-34　振动传感器现场照片

振动传感器的安装采用磁吸附方式。在变压器油箱外侧安装振动传感器来监测变压器的振动,振动传感器信号输入振动监测IED。振动传感器安装在变压器箱壁的预留安装板上,数量为 1 个,在变压器油箱侧面靠近有载分接开关的位置。现场安装照片如图 5-34 所示。

智能组件各 IED 安装在柜体内,现场运行照片如图 5-35 所示。

3. 运行数据分析

整套系统已经带电运行多年,信号采集

图 5-35　智能控制柜现场照片

准确，数据分析显示变压器运行正常。从后台数据库中截取了具有代表性的两天的监测数据。变压器负荷变化较大，在 30%～60% 范围内变化。通过对变压器的温度负荷、局部放电、振动、油色谱等数据进行了综合分析，同时也验证了本套智能组件系统中的软件模型的准确性。表 5-13 和表 5-14 为温度负荷数据、振动、铁芯和夹件接地电流数据，其中热点温度是评估诊断系统软件算法得出的数值，ABC 三相的 HV/MV/LV 为光纤绕组测温探头的实测值。

表 5-13　　　　　　　　热 点 温 度 数 据 对 比

时间	A 相			B 相			C 相			热点温度
	HV	MV	LV	HV	MV	LV	HV	MV	LV	
2023/3/4 12:03:48	58.9	56.1	46.6	57.1	54.5	45.2	59.2	56.4	46.8	59.3
2023/3/4 13:03:49	59.9	57.2	47.4	58.5	56.0	46.4	60.4	57.7	47.8	60.4
2023/3/4 14:03:49	62.2	59.5	49.3	60.1	57.5	47.6	62.4	59.7	49.4	62.6
2023/3/4 15:03:49	63.0	60.2	49.9	61.0	58.4	48.3	63.2	60.5	50.1	63.4
2023/3/4 16:03:49	63.5	60.8	50.3	61.2	58.7	48.5	63.6	60.9	50.4	63.9
2023/3/4 17:03:50	62.2	59.4	49.2	60.5	57.9	48.0	62.6	59.8	49.6	62.6
2023/3/4 18:03:51	60.6	57.9	48.0	59.6	57.1	47.3	61.3	58.6	48.6	61.1
2023/3/4 19:03:52	45.2	42.4	35.5	50.9	48.4	40.2	49.0	46.3	38.6	45.9
2023/3/4 20:03:52	42.5	39.7	33.3	46.9	44.3	37.0	45.6	42.9	35.8	43.1
2023/3/4 21:03:52	39.7	36.9	31.0	43.8	41.2	34.4	42.6	39.9	33.4	40.4
2023/3/4 22:03:52	38.2	35.5	29.9	41.7	39.1	32.7	40.8	38.0	31.9	38.9
2023/3/4 23:03:52	36.7	33.9	28.6	39.9	37.4	31.3	39.1	36.4	30.6	37.4
2023/3/5 1:03:52	34.1	31.3	26.5	37.6	35.1	29.5	36.6	33.9	28.5	34.8
2023/3/5 2:03:53	33.0	30.2	25.6	36.6	34.0	28.6	35.5	32.8	27.6	33.7
2023/3/5 3:03:53	32.2	29.4	25.0	35.9	33.3	28.0	34.7	32.0	27.0	33.0
2023/3/5 4:03:53	31.8	29.0	24.6	35.3	32.7	27.6	34.2	31.5	26.6	32.5
2023/3/5 5:03:53	31.4	28.6	24.3	34.9	32.3	27.2	33.8	31.1	26.3	32.2
2023/3/5 6:03:53	31.9	29.1	24.7	35.0	32.5	27.3	34.1	31.4	26.5	32.6
2023/3/5 7:03:53	33.9	31.1	26.3	36.2	33.6	28.3	35.7	33.0	27.8	34.5
2023/3/5 8:03:54	37.9	35.1	29.6	38.6	36.1	30.3	39.0	36.3	30.5	38.5
2023/3/5 9:03:56	43.3	40.5	33.9	42.3	39.7	33.2	43.6	40.9	34.2	43.8
2023/3/5 10:03:57	47.6	44.9	37.5	46.3	43.7	36.5	47.9	45.2	37.7	48.1
2023/3/5 11:03:57	51.9	49.1	40.9	49.7	47.2	39.2	51.8	49.1	40.9	52.3
2023/3/5 12:03:57	51.8	49.0	40.8	52.5	49.9	41.4	53.2	50.4	42.0	52.3
2023/3/5 13:03:57	52.6	49.8	41.5	53.6	51.0	42.4	54.1	51.4	42.7	53.1
2023/3/5 14:03:57	54.5	51.7	43.0	54.7	52.1	43.2	55.7	52.9	44.0	54.9

表5-14 相关监测量汇总

时间	负载率 （%）	顶层油温 （℃）	振动幅值 （m/s²）	铁芯接地电流 （mA）	夹件接地电流 （mA）
2023/3/4 12:03:48	59.0	50.5	2.7	2.5	1.8
2023/3/4 13:03:49	58.6	51.8	2.6	2.5	1.8
2023/3/4 14:03:49	61.1	53.2	2.7	2.5	1.8
2023/3/4 15:03:49	60.4	53.9	2.7	2.5	1.8
2023/3/4 16:03:49	61.0	54.2	2.7	2.5	1.8
2023/3/4 17:03:50	58.8	53.5	2.6	2.5	1.8
2023/3/4 18:03:51	56.7	52.8	2.6	2.4	1.7
2023/3/4 19:03:52	29.3	45.1	1.3	2.4	1.7
2023/3/4 20:03:52	31.3	41.5	1.4	2.4	1.7
2023/3/4 21:03:52	30.2	38.8	1.4	2.4	1.7
2023/3/4 22:03:52	32.0	36.9	1.4	2.4	1.7
2023/3/4 23:03:52	31.0	35.3	1.4	2.4	1.7
2023/3/5 1:03:52	28.6	33.3	1.3	2.4	1.7
2023/3/5 2:03:53	26.8	32.4	1.2	2.4	1.7
2023/3/5 3:03:53	25.6	31.8	1.2	2.4	1.7
2023/3/5 4:03:53	25.4	31.2	1.1	2.4	1.7
2023/3/5 5:03:53	25.7	30.9	1.2	2.4	1.7
2023/3/5 6:03:53	27.8	31.0	1.3	2.4	1.7
2023/3/5 7:03:53	32.5	32.0	1.5	2.4	1.7
2023/3/5 8:03:54	41.0	34.2	1.8	2.4	1.7
2023/3/5 9:03:56	49.2	37.4	2.2	2.4	1.7
2023/3/5 10:03:57	52.2	41.0	2.3	2.4	1.7
2023/3/5 11:03:57	56.0	44.0	2.5	2.5	1.7
2023/3/5 12:03:57	49.3	46.4	2.2	2.4	1.7
2023/3/5 13:03:57	48.9	47.4	2.2	2.4	1.7
2023/3/5 14:03:57	51.3	48.4	2.3	2.4	1.7

（1）温度负荷。图5-36说明了热点温度实测值与计算值对比。两条曲线无论是在负载突变时或是负载稳定后，两条曲线的吻合度很好，误差在1K之内，详见图5-37的误差曲线。实际运行数据表明，智能感知变压器的热点温度软件算法准确度良好，可以准确地反映变压器的实际绕组温度。

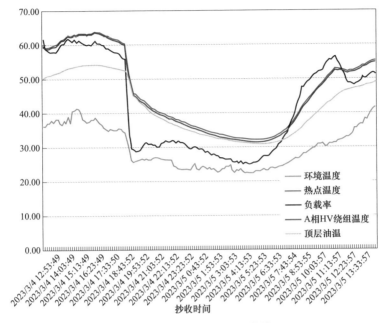

图 5-36　热点温度对比曲线

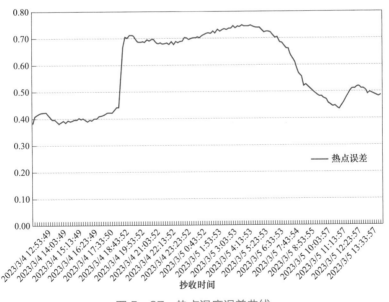

图 5-37　热点温度误差曲线

（2）振动和接地电流。从振动和接地电流数据中分析变压器运行状态正常，无任何机械性故障和铁芯多点接地故障。

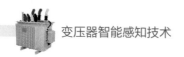

（3）局部放电。局部放电监测数据见表 5-15。

表 5-15　　　　　　　局 部 放 电 监 测 数 据

时间	铁芯接地线（pC）	夹件接地线（pC）	高压侧UHF1（dB）	高压侧UHF2（dB）	低压侧UHF1（dB）	低压侧UHF2（dB）
2023/3/4 12:03:48	931	891	-49.3	-49.2	-49.3	-49.2
2023/3/4 13:03:49	871	858	-49.2	-49.1	-49.2	-49.3
2023/3/4 14:03:49	857	944	-49.2	-49.1	-49.3	-49.2
2023/3/4 15:03:49	914	917	-49.1	-49.2	-49.2	-49.3
2023/3/4 16:03:49	900	949	-49.2	-49.2	-49.3	-49.3
2023/3/4 17:03:50	853	929	-49.2	-49.3	-49.4	-49.2
2023/3/4 18:03:51	887	947	-49.2	-49.1	-49.2	-49.2
2023/3/4 19:03:52	955	980	-49.3	-49.2	-49.3	-49.3
2023/3/4 20:03:52	921	974	-49.2	-49.2	-49.3	-49.2
2023/3/4 21:03:52	905	869	-49.1	-49.1	-49.2	-49.3
2023/3/4 22:03:52	881	867	-49.2	-49.1	-49.3	-49.2
2023/3/4 23:03:52	938	855	-49.2	-49.2	-49.2	-49.3
2023/3/5 1:03:52	932	966	-49.1	-49.2	-49.3	-49.3
2023/3/5 2:03:53	935	887	-49.3	-49.1	-49.2	-49.2
2023/3/5 3:03:53	961	906	-49.1	-49.2	-49.2	-49.1
2023/3/5 4:03:53	900	894	-49.2	-49.2	-49.1	-49.2
2023/3/5 5:03:53	869	977	-49.1	-49.1	-49.2	-49.2
2023/3/5 6:03:53	887	968	-49.1	-49.2	-49.3	-49.3
2023/3/5 7:03:53	863	897	-49.2	-49.2	-49.2	-49.3
2023/3/5 8:03:54	920	913	-49.3	-49.2	-49.2	-49.2
2023/3/5 9:03:56	904	904	-49.1	-49.1	-49.3	-49.2
2023/3/5 10:03:57	896	878	-49.2	-49.2	-49.2	-49.2
2023/3/5 11:03:57	921	944	-49.1	-49.2	-49.2	-49.3
2023/3/5 12:03:57	911	927	-49.1	-49.1	-49.2	-49.2
2023/3/5 13:03:57	914	946	-49.2	-49.2	-49.3	-49.2
2023/3/5 14:03:57	906	860	-49.2	-49.1	-49.2	-49.3

　　从表 5-19 局部放电的监测数据看，六个传感器的监测数据稳定，没有异常变化的趋势，也没有监测到超阈值的放电信号。表明此台变压器的绝缘状况良好。

　　（4）油色谱。由于油色谱数据采集周期为一天，所以在 3 月 4 日和 3 月 5 日共有两组数据，见表 5-16。

表 5-16　　　　　　　　　油 色 谱 监 测 数 据

时间	H_2	CO	CO_2	CH_4	C_2H_4	C_2H_6	C_2H_2	总烃
2023/3/4	13.1	266.8	1280.2	6.56	2.76	1.35	0	10.67
2023/3/5	13.1	267.8	1289.8	6.56	2.76	1.35	0	10.67

从油中气体的监测数据看，气体增长率和气体含量均未见异常，乙炔的含量为零，表明此台变压器内部绝缘正常，无放电和过热现象。

5.3　状态评估及故障诊断系统工程应用

变压器状态评估及故障诊断系统已在工程中广泛应用。本书提出了一种综合线性评分、物元理论、神经网络三种算法的变压器故障诊断新方法，该算法包括了热平衡、绝缘老化、过负荷能力、冷却控制、综合评估和故障分类六种技术模型，建立了基于故障树分析方法的变压器故障分类数据库。该系统能在线监测变压器运行状态，评估变压器健康状况。

5.3.1　故障诊断模型应用

1. 变压器故障树诊断模型应用

对电力系统的 328 台 110kV 及以上电压等级的电力变压器事故和故障统计资料为基础，通过对其故障数据的整理分析，得到变压器故障概率的分级见表 5-17。对 328 台变压器进行故障严重度的分析，所得的变压器故障严重度的综合评判和等级划分见表 5-18。

表 5-17　　　　　　　　　变压器故障概率分级表

故障模式		故障次数	故障可能性	故障可能性等级
绕组故障	绕组短路	29	0.088	Ⅱ
	绕组断路	21	0.064	Ⅱ
	绕组变形、损失失稳	60	0.189	Ⅰ
铁芯故障	铁芯多点接地	52	0.157	Ⅰ
	铁芯片间短路	8	0.026	Ⅳ
	铁芯接地不良	5	0.016	Ⅳ
绝缘故障	介质超标	7	0.021	Ⅳ
	绝缘损坏	8	0.024	Ⅳ

表5-18   变压器故障严重度的综合评判和等级划分

故障模式		严重度综合评判结果	严重度等级划分
绕组故障	绕组短路	0.7594	I
	绕组断路	0.7345	I
	绕组变形、损坏失稳	0.7704	I
铁芯故障	铁芯多点接地	0.6550	II
	铁芯片间短路	0.4864	IV
	铁芯接地不良	0.4041	IV
绝缘故障	介质超标	0.4478	IV
	绝缘损坏	0.6312	III

根据以上对变压器故障发生的概率和变压器故障的严重程度，并且结合风险矩阵进行分析，可分别对变压器的绕组故障，铁芯故障和绝缘故障进行故障等级的划分，见表5-19。

表5-19   变压器故障的故障等级划分

故障源		失效可能性等级	严重度分析等级划分	故障等级
绕组故障	绕组短路	I	I	高故障区
	绕组断路	II	I	高故障区
	绕组变形	I	I	高故障区
铁芯故障	铁芯多点接地	I	II	高故障区
	铁芯片间短路	IV	IV	低故障区
	铁芯接地不良	IV	IV	低故障区
绝缘故障	介质超标	IV	IV	低故障区
	绝缘损坏	IV	III	低故障区

2. 变压器故障神经网络诊断模型应用

应用油气样本数据，通过神经网络的训练得到样本训练数据并保存此数据。新的油色谱数据可以通过保存的样本数据进行评估。对于不知道其变化规律、临界值模糊数据集来说神经网络算法作用很大，因为它不需要判断者知道其中的变化规律它自己会根据自学习能力修改其中参数提高其判断的准确性。实例如下。

某变压器的油色谱数据为 $H_2 = 176\mu L/L$、$CH_4 = 205.9\mu L/L$、$C_2H_4 = 75.7\mu L/L$、

$C_2H_6 = 47.7\mu L/L$、$C_2H_2 = 68.7\mu L/L$，采用 BP 神经网络对变压器进行故障诊断，诊断结果如图 5-38 所示。

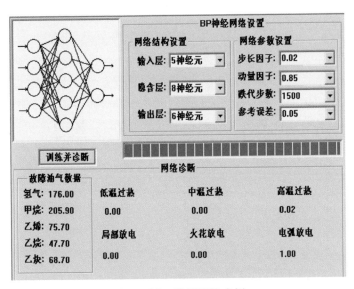

图 5-38 神经网络实例

5.3.2 局部放电模式识别实例

为了采集同时放电的两个局部放电源信号，采用组合缺陷模型来代替试品 Cx，如图 5-39 所示。由支柱绝缘子支撑起一个防晕高压圆板电极，底部为环氧板制成的绝缘底座，两个绝缘缺陷试品同时放置在高压圆板电极与绝缘底座

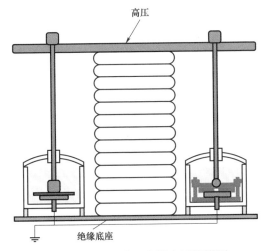

图 5-39 P1 和 P2 混合缺陷模型

之间，当施加的电压高于缺陷起始放电电压时，两处缺陷均发生局部放电，放电脉冲电流经过耦合电容 Ck 流入电流传感器 Zd，最后输出至示波器进行数据存储。

图 5-40 给出了由 P1 和 P2 组成的混合缺陷模型在 20kV 下的 PRPD 分布，试验中采集了 200 个工频周期的局部放电数据，从中提取到了 3481 个放电脉冲。从图中可以看出，采集到的混合缺陷模型的 PRPD 分布较为复杂，放电脉冲分布在三个相位区间：0°~120°、160°~300° 和 340°~360°，包含了两种不同的放电脉冲：① 较为密集的小幅值放电脉冲；② 放电较为稀疏的大幅值放电脉冲。

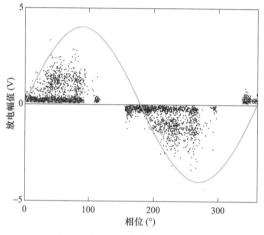

图 5-40　P1 和 P2 混合缺陷模型的放电 PRPD 分布图谱

对采集的 3481 个脉冲计算时频相似度矩阵 S，由相似度矩阵 S 计算得到 $p_{max} = 0.9840$ 和 $p_{min} = -423.6215$。设置 $p(1) = p(2) = \cdots = p(i) = \cdots = p(3481) = -100$，将脉冲时频相似度矩阵 S 和偏移向量 p 输入 APC 中进行脉冲群聚类，APC 给出聚类结果类 1 号和类 2 号，2 个子类包含的脉冲数目分别为 2454 和 1027，对应子类的 PRPD 分布如图 5-41（a）和（b）所示。从 PRPD 子图来看，类 1 号脉冲群的幅值较小，相位主要集中在 0°~90°、160°~270° 和 340°~360° 范围内。与类 1 号不同，类 2 号脉冲群的幅值相对较大，相位主要集中在 0°~90° 和 180°~270° 两个区间内。属于典型的油中沿面放电的特性。从图 5-41（c）和（d）的脉冲波形上看，类 1 号的脉冲波形持续时间较短，同时由于放电幅值较小，在进行数据采集的时候受到一定的白噪声干扰，在脉冲后半段的毛刺很多；而类 2 号的脉冲波形的放电幅值较大，波形光滑，持续时间也较类 1 号更长。从图 5-41（e）和（f）的时频分布上看，类 1 号和类 2 号脉冲的大部分能量都主要集中在 10～25MHz 之间，类 2 号脉冲在低频部分的能量比类 1 号更大，而类 1 号脉冲由于受白噪声毛刺的影响，其时频分布较类 2 号脉冲更杂乱。

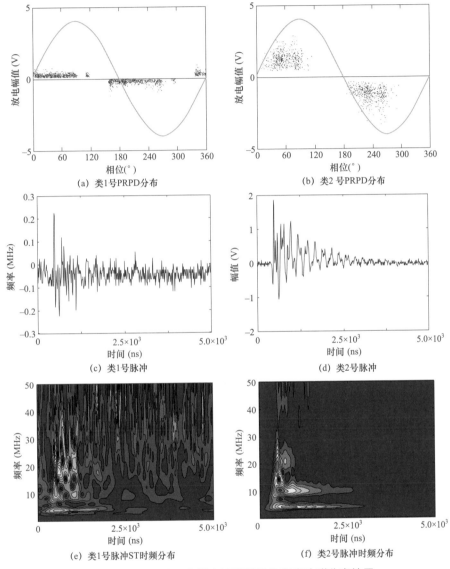

图 5-41　P1 和 P2 混合缺陷模型放电脉冲群分离结果

进一步对类 1 号和类 2 号脉冲群的 PRPD 分布提取 27 维统计指纹特征，如图 5-42 所示，可以看出两个子类的 PRPD 统计特征均为正数，但数据分布上呈现明显的不同。PSO-SVM 分类器对类 1 号和类 2 号的识别结果分别为 P1 和 P2，与实际缺陷模型相符，较好地验证了脉冲分离算法的有效性。

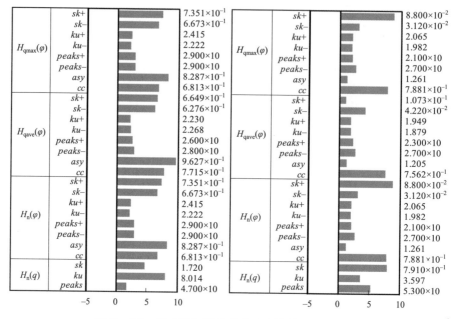

图 5-42 类 1 号和类 2 号脉冲群的统计指纹特征

5.3.3 综合状态评估模型及校验应用

1. 变压器综合状态评估模型应用实例

状态评估的项目包括：变压器出厂试验、交接试验（安装或大修后进行）、例行试验、诊断性试验等；对于运行中变压器的状态评估，主要依据可靠性检验，出厂试验和交接试验的有关数据，是比较的基准；在线监测、例行试验、诊断性试验等是与基准的比较中判别状态的变化。所以把出厂值作为基准比较合适，也应用专家的经验划定了一个注意值出来，这样就构造了评分模型的参数。线性评估实例图如图 5-43 所示。

2. 变压器状态评估模型校验验证实例

为了验证本书中热平衡模型算法的有效性和准确度，同时对比分析 IEC 标准中标准模型和绕组光纤实测温度，选择 220kV 变压器样机，在样机绕组内部埋置了光纤测温探头，通过用光纤实测的绕组温度与热平衡模型评估的绕组热点温度进行对比和误差分析，来验证和优化热平衡模型算法。

试验变压器样机的主要参数如下。

容量：240MVA；电压等级：220kV。

冷却方式：油浸风冷；光纤探头个数：8 个。

设备运行状态评估诊断报告

设备名称：某站智能变压器　　　　　　　时间：2022-12-06 10:59:52

一、诊断结果

变压器健康指数：100.0分

诊断信息：正常

建议：继续运行

二、当前状态

监测项		当前值	出厂值	注意值	评分	状态
温度	顶层油温1	40.2	65.0	85.0	100.0	A
	顶层油温2	41.3	65.0	85.0	100.0	A
	底层油温1	30.1	40.0	60.0	100.0	A
	底层油温2	31.2	40.0	60.0	100.0	A
	绕组温度	65.2	130.0	160.0	100.0	A
本体油位	上限	OFF	—	—	100.0	A
	下限	OFF	—	—		
	模拟量	70.0	80.0	60.0		
接地电流	铁心	2.1	100.0	300.0	100.0	A
局放	通道1	2.3	100.0	1000.0	100.0	A
	通道2	1.5	100.0	1000.0	100.0	A
油中气体 （色谱法）	H2	5.8	0.0	150.0	100.0	A
	C2H2	0.0	0.0	5.0	100.0	A
	CH4	1.9	0.0	150.0	100.0	A
	C2H4	0.0	0.0	150.0	100.0	A
	C2H6	0.0	0.0	150.0	100.0	A
	CO	18.0	0.0	500.0	100.0	A
	CO2	294.8	0.0	500.0	100.0	A
	H2O	8.0	0.0	300.0	100.0	A

图 5－43　线性评估实例图

（1）试验过程。试验情况见表 5－20。

表 5－20　　　　　　　　试　验　情　况

试验名称	负荷变化情况	开始时间	截止时间	用时
温升试验	保持 100%不变	2023－2－4 21:30	2023－2－5 8:30	13h

（2）变压器热点温度实测数据与计算数据对比分析。试验变压器 2 热点温度实测数据与计算数据见表 5－21。试验变压器 2 热点温度实测数据与计算数据曲线图如图 5－44 所示。

表 5－21　　　　试验变压器 2 热点温度实测数据与计算数据

抄收时间	负载率 （%）	顶层 油温 （℃）	环境 温度 （℃）	热点温度				
				实测值 （℃）	IEC 算法 （℃）	IEC 算法 误差（K）	优化算法 （℃）	优化算法 误差（K）
2023－2－4 22:20	122.9	22.5	15.2	69.6	70.9	1.3	67.9	－1.7

续表

抄收时间	负载率（%）	顶层油温（℃）	环境温度（℃）	热点温度				
				实测值（℃）	IEC 算法（℃）	IEC 算法误差（K）	优化算法（℃）	优化算法误差（K）
2023 - 2 - 4 22:36	120.9	31.4	15.2	80.4	91.6	11.2	87.8	7.4
2023 - 2 - 4 22:52	120.9	38.5	15.8	85.6	98.6	13.0	94.8	9.3
2023 - 2 - 4 23:08	120.5	43.9	17.0	90.5	101.2	10.7	97.6	7.1
2023 - 2 - 4 23:24	120.5	48.1	17.9	94.2	102.5	8.3	99.1	4.9
2023 - 2 - 4 23:40	120.3	51.4	18.3	96.7	103.2	6.5	99.9	3.2
2023 - 2 - 4 23:56	120.3	53.1	18.1	94.3	102.7	8.4	99.6	5.3
2023 - 2 - 5 0:12	120.2	54.0	18.3	94.0	101.8	7.9	98.8	4.9
2023 - 2 - 5 0:28	120.2	54.5	18.3	93.9	100.9	7.0	98.0	4.1
2023 - 2 - 5 0:44	120.2	55.0	18.3	93.6	100.3	6.6	97.4	3.8
2023 - 2 - 5 1:00	120.0	55.4	18.4	93.3	99.7	6.4	97.0	3.6
2023 - 2 - 5 1:16	120.0	55.6	18.5	93.2	99.1	5.9	96.4	3.2
2023 - 2 - 5 1:32	119.9	55.9	18.5	93.4	98.8	5.4	96.1	2.7
2023 - 2 - 5 1:48	119.9	56.1	18.7	93.4	98.4	5.0	95.8	2.4
2023 - 2 - 5 2:04	119.9	56.3	18.7	93.5	98.3	4.8	95.6	2.1
2023 - 2 - 5 2:20	119.9	56.5	18.8	93.6	98.1	4.6	95.5	2.0
2023 - 2 - 5 2:36	119.9	56.7	18.9	93.7	98.1	4.4	95.5	1.8
2023 - 2 - 5 2:52	119.9	56.8	19.0	93.8	98.0	4.2	95.4	1.7
2023 - 2 - 5 3:08	119.8	57.0	19.0	93.9	98.0	4.1	95.4	1.5
2023 - 2 - 5 3:24	119.8	57.1	19.1	94.0	97.9	3.9	95.4	1.4
2023 - 2 - 5 3:40	119.7	57.3	19.1	94.1	98.0	3.9	95.4	1.3
2023 - 2 - 5 3:56	119.7	57.4	19.1	94.0	98.0	4.0	95.4	1.4
2023 - 2 - 5 4:12	119.5	57.4	19.2	94.1	97.9	3.8	95.4	1.2
2023 - 2 - 5 4:28	119.5	57.6	19.3	94.2	98.0	3.8	95.4	1.3
2023 - 2 - 5 4:44	119.5	57.6	19.3	93.9	98.0	4.0	95.4	1.5
2023 - 2 - 5 5:00	119.1	57.6	19.3	94.1	97.9	3.7	95.4	1.2
2023 - 2 - 5 5:16	119.1	57.6	19.3	94.1	97.7	3.6	95.2	1.1
2023 - 2 - 5 5:32	119.1	57.7	19.3	94.1	97.7	3.6	95.2	1.0
2023 - 2 - 5 5:48	119.1	57.6	19.2	94.2	97.6	3.4	95.1	0.9
2023 - 2 - 5 6:04	119.2	57.6	19.3	94.3	97.6	3.3	95.1	0.8
2023 - 2 - 5 6:20	119.2	57.6	19.3	94.4	97.7	3.3	95.2	0.7
2023 - 2 - 5 6:36	119.5	57.7	19.3	94.6	97.8	3.3	95.3	0.8
2023 - 2 - 5 6:52	119.5	57.7	19.4	94.6	97.9	3.3	95.4	0.8
2023 - 2 - 5 7:08	119.2	57.7	19.3	94.5	97.8	3.3	95.3	0.8
2023 - 2 - 5 7:24	119.2	57.7	19.3	94.6	97.8	3.2	95.3	0.7
2023 - 2 - 5 7:40	110.5	57.7	19.4	92.5	94.1	1.6	91.8	- 0.7
2023 - 2 - 5 7:56	110.5	57.0	19.3	90.8	91.7	1.0	89.5	- 1.2
2023 - 2 - 5 8:12	111.0	56.2	19.2	89.8	90.9	1.1	88.7	- 1.1
2023 - 2 - 5 8:29	111.0	55.4	19.2	89.3	90.4	1.1	88.2	- 1.1

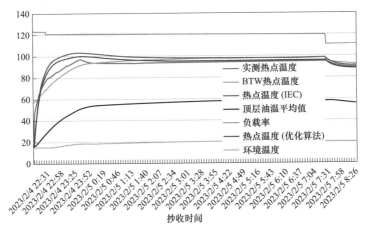

图 5-44 试验变压器 2 热点温度实测数据与计算数据曲线图

验证结论：使用 IEC 和变压器设计人员提供的热点温升经验值，$\Delta\theta_{hr}$ 为 31.9K，根据此 $\Delta\theta_{hr}$ 计算热点温度，IEC 的算法误差在 10K 以下。但是根据变压器提供的变压器设计参数及试验后提供的温升试验后参数数据，利用本书中的热平衡模型算法计算热点温度，该优化算法误差下降了 3K；在变压器热平衡的稳态下，可以控制在 2K 之内。热点温度对比图详见图 5-45。

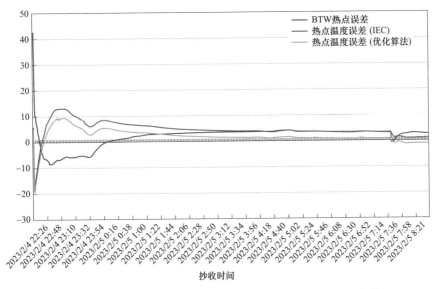

图 5-45 试验变压器 2 热点温度实测数据与计算数据误差曲线图

5.3.4 状态评估及故障诊断实例

2013 年 2 月，某电厂 1 号主变压器 A 相油中溶解气体色谱分析发现乙炔含

量异常，疑似有高能放电故障。变压器主要技术参数见表 5－22。

表 5－22 变压器主要技术参数

设备编号	某电厂 1 号主变压器
电压等级	220/110/10kV
容量	180MVA
变压器型号	ODFS13－250000/500
冷却方式	强油风冷

利用高频电流传感器检测铁芯和夹件接地线上的脉冲电流信号，利用变压器或电抗器绕组与铁芯之间的分布电容形成的耦合通路。如果变压器或电抗器内部发生局部放电，放电高频信号通过此耦合通路经铁芯接地线构成回路，卡装在铁芯接地线上的高频电流传感器即可接收到变压器内部的放电信号并在巡检仪上显示出相应的测试数据。

当变压器或电抗器内部发生局部放电现象时，其瞬间释放的能量使分子间产生剧烈碰撞，并在宏观上形成一种压力产生超声波脉冲，此时局部放电源如同一个声源，向外发出超声波，在变压器油中以球面波形式向周围传播。只要将磁吸附式超声传感器吸附在变压器油箱外壁，就可以接收到放电产生的超声波，超声波信号传播路径不同导致传感器在油箱外壁接收到的超声信号强弱也随之变化，通过这些强弱变化确定超声信号传到变压器外壁最强位置，再采用电声定位法便可确定放电源位置。高频脉冲电流检测数据、超声检测数据、油中溶解气体离线测试数据见表 5－23～表 5－25。

表 5－23 高频脉冲电流检测数据

检测位置	图谱	幅值/pC
A 相铁芯接地线		9715.15
A 相夹件接地线		7960.81

188

表 5-24　　　　　　　　　　超 声 波 检 测 数 据

检测位置	图谱	幅值/pC
A 相中性点升高座下方		3150.25

表 5-25　　　　　　　　　　离 线 油 色 谱 数 据　　　　　　　　　　μL/L

序号	油中溶解气体组分含量色谱分析							
	$H_2<30$	CH_4	C_2H_6	C_2H_4	C_2H_2	$\sum C<20$	CO	CO_2
1	18.8	5.9	0.8	1.3	5.6	13.6	158.1	750.4
2	22	6.2	0.9	1.3	6.2	14.6	157.7	767.5
3	22.2	6	0.9	1.3	6.2	14.4	163.7	800.9
4	16.35	1.73	3.18	2.21	4.84	11.96	29.63	147.28
5	20	6.9	6.7	2	4.9	20.6	154	909

　　通过带电巡检设备进行数据采集，然后将采集的数据（局部放电、油色谱等）通过离线方式导入"变压器状态评估与故障诊断系统"，然后评估系统根据内部的六种评估模型（热平衡、绝缘老化、过负荷能力、冷却控制、综合评估和故障分类），以及三种算法（故障树分析法、物元理论、神经网络），并结合变压器故障数据库对故障变压器进行综合评估诊断。系统评估状况如下：

　　健康指数：计算变压器健康指数为 60.6。

　　故障类型：悬浮放电，92%，通过"变压器后台监控及评估系统"进行放电类型智能识别，识别结果如图 5-46 所示。

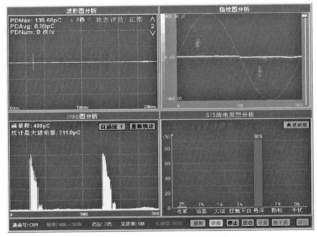

图 5-46　系统检测结果

维修建议：乙炔无增长趋势，未涉及固体绝缘老化，可进一步观察。

停电检修时，进入变压器内部发现，中性点套管均压球脱落，中性点引线接线板与脱落的均压球放电。由于中性点均压球表面陶瓷的绝缘作用，均压球脱落后形成了悬浮放电现象，与带电巡检过程中通过变压器状态评估及故障诊断系统的诊断结果相符。变压器停电检查情况如图 5−47 所示。

图 5−47　变压器停电检查情况

参 考 文 献

［1］向伯荣. 电机学 ［M］. 河南：黄河水利出版社，2002.

［2］杨星跃，朱毅. 电机技术 ［M］. 河南：黄河水利出版社，2009.